成為科學家

騰訊青年發展委員會 著

[瑞典] 尼克拉斯·埃爾梅赫德 (Niklas Elmehed)　TINY 小牌　繪

商務印書館

星光照耀逐夢路

騰訊公司董事會主席兼首席執行官　馬化騰

　　肉眼未見的微生物新冠病毒引發了百年未現的全球疫情，給人類經濟社會帶來意想不到的衝擊。這提醒我們，在浩瀚的宇宙中，人類對自身與自然的認知依然有限。只有不懈地探索未知，我們才能更好地應對未來的挑戰。科學家是人類探索自然奧祕的領路人，今天肩負着更加重要的時代使命和責任。

　　當然，探索未知世界，往往要求科學家擁有超乎常人的勇氣、智慧和專注。科學家的種種特質從何而來？他們的想像力與好奇心如何在成長中被鼓勵與呵護？在面對困難和困惑時，他們做出甚麼抉擇和行動？《成為科學家》一書，經過深度訪談等努力，生動再現了老中青三代、十位中外科學家的人生故事。這本書希望為普通讀者，特別是青少年及其父母，走近科學家羣體的真實生活，了解他們的成長經歷，提供更多線索和啓發。

　　當今世界正經歷"百年未有之大變局"。身處新一輪科技與產業革命的浪潮之巔，我們更深切地感到，提升科學技術原始創新能力，對中國新發展格局下的高質量發展意義非凡，對中華民族的偉大復興何等重要。作為以互聯網為基礎的科技公司，騰訊有責任把"向下扎根"的工作做深入，真正營造良好的創新土壤，滋養基礎研發和前沿探索，讓原始創新在中國深深扎根，從而把應用創新的"地基"打得更深更牢靠，同時激發更多社會價值創新。

這本小書在 2020 年疫情期間應運而生。書中多數科學家克服了種種困難，百忙中抽出時間接受深度訪談。所有科學家及其團隊都在第一時間仔細閱讀了初稿。在此，我要向大家表示由衷的敬意和感謝！在這些付出中，我們也能感受到科學家的人格魅力和奉獻精神。

這本書與"騰訊青少年科學小會"、"給孩子們的大師講堂"等系列科普活動，可以說一脈相承。一方面，我們希望幫助從事基礎科學研究的青年科學家，讓他們在尋求創新又尚未最終突破的"爬坡期"得到雪中送炭的幫助，可以心無旁騖地繼續攀登科學高峯；另一方面，我們希望向公眾展現"科學的世界"與"世界的科學"，讓科學家走到聚光燈下，成為公眾特別是孩子們眼中的"明星"，讓更多人受到科學精神的感召。

很多同齡人和我一樣，小時候都夢想成為一名科學家。我們希望，今天有更多的青少年能夠把"成為科學家"作為自己的夢想，把科學探索視為新時尚，願意將科學精神發揚光大。天才往往扎堆出現，科學發現也常常出現爆發期。我們相信，如果越來越多的孩子能夠為現實世界着迷，被科學精神點燃；如果他們專注地觀察望遠鏡中遙遠的星光，不停追問"宇宙究竟如何運行"，而他們的好奇心不斷得到鼓勵，想像力持續得到引導；如果我們更加尊重科學，更加敬重科學家，更加敬畏未知世界……那麼，也許就在不久的將來，中國將迎來世界級科學大師和科研成果的"寒武紀"大爆發。

我們期待這一天伴隨着民族復興而來，我們也希望通過踐行"科技向善"，能夠讓日新月異的科技創新更好地造福人類，更好地應對瘟疫疾病、氣候變化、環境污染等人類共同的挑戰。讓我們一起努力！

目錄

1

屠呦呦

青 蒿 素 的 發 現 之 旅

憑藉對青蒿素研究的突出貢獻，屠呦呦
實現了自然科學領域中國本土科學家獲
諾貝爾獎零的突破。她的青蒿素發現之
旅驗證了在極端艱苦的環境中，科學家
所能達到的極限。

2

鍾南山

敢 醫 敢 言

"共和國勳章"獲得者鍾南山已經 84 歲了,但仍然堅持在一線問診。在他看來,無論獲得過多少榮譽,自己仍然是一個"看病的大夫"。他常說:"我們要講真話,對得起病人。"

3

張益唐

數 學 天 才 和 他 孤 獨 的 二 十 年

58 歲時,因在"孿生素數猜想"的黑暗探索中邁出革命性的一步,張益唐轟動數學界。他生活在純粹的數學世界裏,只要願意,大腦可以關掉向外的觸角,深潛進數學的世界。

4

王貽芳

尋 找 最 後 的 祕 密

王貽芳是首位獲得"基礎物理學突破獎"的中國科學家。年少時他並沒有成為科學家的強烈衝動，但後來的經歷塑造了他，使他執着而堅韌。"做這件事，就天天在琢磨怎麼把這個事做到最好。"

5

常進

暗 物 質 " 獵 手 "

在探尋暗物質的道路上，國家天文台台長常進走了將近 20 年。由他主導的中國第一顆科學探索衛星"悟空號"發射升空，又是新的希望、新的開始。他常說："要對得起國家，對得起自己。"

6

鮑哲南

好 奇 心 改 變 世 界

發明人造皮膚、柔性電子紙的材料化學家鮑哲南從小就喜歡提問題、愛思考。創造一種全新的、見所未見的事物，這也是她眼中化學的魅力。

7

顏寧

獨 屬 於 科 學 家 的 獎 賞

在世界級結構生物學家顏寧的科研生涯中，她不止一次地"挑最難的那個"。她說："有能力登上珠穆朗瑪峯的人不應該去爬玉龍雪山。"

8
許晨陽
天 才 的 責 任

由許晨陽發展的代數 K-穩定性理論被
證明是孕育新發現的沃土。在他看來，
"不是每個人都有數學天賦，如果數學
天賦降臨到某些人身上，他就有責任去
推動這個事業的發展"。

9
麗莎‧蘭道爾
（Lisa Randall）
恐 龍 滅 絕 、 歌 劇 和 粒 子 物 理

憑藉眾多充滿想像力的研究，麗莎‧蘭道
爾成為粒子物理學、宇宙學等領域的頂尖
科學家，她希望所有人知道，也有女性走
在這個領域的研究前列，而且取得了卓越
的成果。

10

馬克·麥考林
（Mark McCaughrean）
從 褐 矮 星 返 回 地 球

對歐洲航天局科學與探索高級顧問馬
克·麥考林來說，每個新發現都讓他激
動不已，強烈地感到自己作為人類的
一員，與宇宙中的某些事物產生了連
接 —— 這是宇宙給充滿激情的人的獨特
獎賞。

1

屠呦呦

青 蒿 素 的 發 現 之 旅

　　屠呦呦，藥學家，浙江寧波人，生於 1930 年，1955 年畢業於北京醫學院（現北京大學醫學部）。2011 年 9 月，她因發現治療瘧疾的青蒿素、挽救了全球數百萬人的生命而獲得拉斯克臨牀醫學研究獎，2015 年獲得諾貝爾生理學或醫學獎，也因此成為第一個獲得科學類諾貝爾獎的中國本土科學家。

決心
DETERMINATION

付出
DEVOTION

堅韌
TENACITY

"523 項目"中的年輕人

1965 年，中南半島瘧疾肆虐，發病率和致死率不容忽視，急需全新的抗瘧藥。當時，瘧原蟲已經對抗瘧藥物氯喹產生耐藥性。變異後，瘧原蟲將抗瘧藥排出消化器官的速度快了 50 倍，惡性瘧疾致死率飛速上升。

在蚊蟲大軍的包圍下，人類像被海水日夜吞噬的小島，無計可施地，漸漸地被逼入絕境。

我國決定發動頂尖科學家為當地提供幫助。1967 年 5 月 23 日，"瘧疾防治藥物研究工作協作會議"召開，確立了研究防治瘧疾新葯的項目並正式定名為 "523 項目"。

那時，"文革"已經爆發，全國範圍內還在進行的大協作科研項目只有兩個，一個是"兩彈一星"，另一個是 "523 項目"。但當時國內的科研人才十分匱乏，"523 項目"不得不四處尋找年輕的科研人員。

1969 年 1 月，衞生部中醫研究院（現中國中醫科學院）助理研究員屠呦呦加入了"523 項目"。

這位"年輕人"39 歲了，留着短髮，帶一副黑框眼鏡，笑起來十分溫柔，可在實驗室裏晃動燒瓶的樣子又嚴肅到令人生畏。

接到任務之初，屠呦呦特別興奮。"文革"中大部分的科學研究都暫停了，但"523 項目"是高層特批，不受影響。她因為專業對口，被任命為項目負責人。

"我很年輕，而且雄心勃勃，"屠呦呦後來回憶說，"很高興在那個混亂的時候有事情做。"

然而，"523 項目"的科研難度遠遠超過當時科研人員的想像。

它包含了三個難度極大的目標，並且要求科研人員在 3 年內全部實現：一是耐藥惡性瘧的新型防治藥物，二是耐藥惡性瘧的長效預防藥物，三是驅蚊劑。

由於當地情況的特殊性，任務還增加了苛刻的條款，比如，要求研究出一種或多種口服或外用驅蚊劑（口服驅蚊劑要求驅蚊時效 12 小時以上，外用驅蚊劑要求驅蚊時效 24 小時以上），而且所有藥物除滿足藥效強、副作用小的常規要求外，還必須實現"一輕"（體積小、重量輕）、"二便"（攜帶和使用方便）和"五防"（防潮、防黴、防熱、防震、防光）。

直白地說，這幾乎是"不可能完成的任務"。

在項目啓動之初，"要甚麼沒甚麼"，除了電、水和顯微鏡，屠呦呦只有七口大水缸，在平房中用土法嘗試萃取。實驗設備都是中國製造的，需要其他設備時，他們還得去其他科研單位臨時借用。美國《遠東經濟評論》雜誌在《中國革命性的醫學發現：青蒿素攻克瘧疾》一文中指出："真正讓外國同行刮目相看的是，中國研究人員在進行尖端的科學實驗時，使用的全都是西方國家早已經棄之不用的落後儀器。"

那時，屠呦呦已經有兩個年幼的可愛女兒。為了"不可能完成的任務"，她不得不做出艱難的決定：一個女兒被送進全託託兒所，另一個女兒被送回了寧波的外婆家，很長時間才能見到母親一面。

屠呦呦的丈夫李廷釗是蘇聯留學生，從列寧格勒加里寧工學院畢業回國後，被分配到齊齊哈爾的北滿鋼廠工作，後又先後在馬鞍山鋼鐵廠、北京鋼鐵學院、國家冶金部工作。在他眼中，屠呦呦"和一般女孩不一樣"，"心胸開闊，精力都在工作上"。

那幾年，屠呦呦一心只有科研，她不怎麼擅長照顧自己，經常找不到東西，行李箱也亂糟糟的。李廷釗一直支持她。從新婚到晚年，家裏買菜、購物、做家務的大小事全部由李廷釗負責。新婚後，中學同學陳效中去小兩口家串門，感慨"人家新婚夫妻家裏很喜慶，他們家卻有濃濃的學習氛圍，家裏全是書"。

在《逼近的瘟疫》一書中，美國著名記者勞里·加勒特寫道：20 年前，實地工作的流行病學家都是貨真價實的人才，實地考察、實驗室研究、生物分離，他們樣樣都行……問題在於金錢，或者說是無法賺大錢。任何一個 25 歲、聰明能幹的年輕科學家都看得出，當一名"疾病牛仔"從經濟上講是沒有前途的。

但在 1969 年的中國，屠呦呦和年輕的科學家同伴們絲毫沒有這個困擾。那種心無雜念反而造就了一種純粹：一方面，在"參與階級鬥爭"和"做研究"

兩個選擇中，他們對後者求之不得；另一方面，他們和那個時期幾乎可以稱為"時代特產"的理想主義者們一樣，相信生命力燃燒造就的奇跡，擺在他們面前的唯一目標就是找到那種理想的藥物。

傳承葛洪醫術，研究創新成藥

"人體"是一個複雜又精妙的系統，我們對其知之甚少，已被刮開塗層的生理學知識遠不足以幫助藥學家以個體的短暫一生為尺度，找到夢中的化合物。

到 1971 年年初，包括屠呦呦所在的中醫研究院在內，參與"523 項目"的科研機構超過 60 家。尋找抗瘧藥的科學家們在兩條道路上求索：一條是篩選成千上萬的化合物，靠撞大運求成功；另一條是搜索傳統中醫藥文獻，派研究員深入鄉野，向瘧疾高發區的民間醫生尋求祕方。

第一條道路，在整個"523 項目"開展期間，累計合成的化合物達萬種之多，依次篩選 4 萬多個樣品後，初篩得到有效化合物近 1 000 個，38 個經過臨牀試驗前藥物、毒理研究，29 個進行了臨牀研究，最後只有 14 個通過專業鑑定具有潛在的使用性。如果從篩選開始計算，失敗率超過 99.9%。

屠呦呦走的道路是第二條。

中國自古以來就有用草藥抗瘧退燒的歷史。早在 1941 年，藥理學家張昌紹就根據歷代本草方書記載，實驗性地用中藥常山在南部沿海地區治療瘧疾。1946 年和 1948 年，他先後在世界頂級期刊《科學》和《自然》上發表文章，討論常山鹼的抗瘧效果。然而很遺憾，1967 年張昌紹離世了。

　　繼續研究常山成了屠呦呦的工作核心。她渴望消除常山鹼引發的劇烈嘔吐症狀，一舉攻克目標。她挑選了許多中藥材來配伍常山鹼，但事與願違，最好的組合也只對鴿子的嘔吐模型有效，對貓的嘔吐模型無效。

　　重新篩選了大量樣品後，屠呦呦將注意力轉向了廚房中的常見調料 —— 胡椒，其提取物對鼠瘧模型瘧原蟲的抑制率可達 84%。也許胡椒才是對的！

　　1969 年盛夏，正值瘧疾高發期，屠呦呦攜帶樣品前往海南，用胡椒加辣椒和明礬進行臨牀驗證。希望落空，胡椒只能減輕症狀，卻無法使患者體內瘧原蟲轉陰。

　　失敗後的第二年，屠呦呦研究小組仍在研究胡椒哪裏出了問題，並且開始注意到青蒿。但對青蒿（見圖 1-1）的研究一度因找不到方向而陷入停滯：青

圖 1-1　青蒿

蒿研究因為水煎劑無效、乙醇提取效果不穩定而沒有進展；他們艱難地篩選100多種中藥的水提物和醇提物樣品200餘個，期望通過不懈的努力觸發一點點運氣的降臨，但並沒有成功。

屠呦呦研究小組有三個年輕人，其中一個人擔任助手，負責提取藥物、篩選，另外兩個人做動物實驗。那時他們重點做過青蒿的實驗，抑制率只有68%，已算不錯。但做復篩後，抑制率卻降到40%甚至更低，他們甚至一度放棄了青蒿。

在科學研究工作中最艱難的是抉擇：在希望渺茫的時刻，是全力以赴，還是索性放棄？

難道史書記載不可信？難道試驗方法不合理？難道中醫藥這個寶庫就發掘不出寶來？"重新埋下頭去，看醫書！"屠呦呦的執拗和堅持帶動着大家。一個被思緒困擾的夜晚，屠呦呦閱讀東晉葛洪的醫書《肘後備急方》中的"治寒熱諸瘧方"，被靈感擊中。古方上說"青蒿一握，以水二升漬，絞取汁，盡服之"，屠呦呦注意到動詞是"絞"——用手握住浸泡後的青蒿並擰出汁液來，而不是常見的"煎"，她意識到也許問題的關鍵在於溫度。

屠呦呦沒有錯過這個一閃即逝的珍貴念頭，她改變了提取流程，採用乙醚低溫提取。在顯微鏡下，乙醚低溫萃取的青蒿粗提物殺死了小鼠體內100%的瘧原蟲！

在2009年出版的專著《青蒿及青蒿素類藥物》中，屠呦呦提到圍繞這個念頭的一系列實驗："青蒿成株葉製成水煎浸膏，95%乙醇浸膏，揮發油無效。乙醇冷浸，控制溫度低於60℃，鼠瘧效價提高，溫度過高則無效。乙醚迴流或冷浸所得提取物，鼠瘧效價顯著增高且穩定。"

那是一種醜醜的黑色膏狀粗提物，但它帶給屠呦呦研究小組的感受無限接近於世界上最好的東西——希望。

然而，得到研究成果後，屠呦呦卻無法找到配合的藥廠，只能用水缸灌滿乙醚，浸泡青蒿提取樣品。

那時，實驗室非常簡陋，沒有排風系統，如果紗布口罩不算，也沒有防護用品。小組成員們很快出現頭昏、皮膚過敏等乙醚誘發的症狀，屠呦呦甚至被檢查出患中毒性肝炎。

青蒿粗提物的效果時好時差，屠呦呦意識到青蒿的品種、部位和採收時間都對其效價有影響，這也是現代中藥研究者普遍面臨的問題：如何保證效果穩定、一致？最終，通過控制品種和採收時間，屠呦呦收穫了效價穩定、可供臨牀使用的青蒿乙醚提取物。

1972 年 3 月，在南京的"中草藥專業組"會議上，屠呦呦報告了其研究小組的青蒿研究進展，"還寫了大字報，講了是怎麼提取的，一步一步都公之於眾"。

報告令人眼亮，但並未立即使這個科研項目調轉船頭，放棄其他選擇。會議結束時，決策層要求儘快測定"鷹爪"和"仙鶴草"的化學結構，而對藥物"青蒿"和"臭椿"，要"加快開展有效化學成分或單體的分離提取工作"。

南京的會議結束後，屠呦呦研究小組馬不停蹄，分離純品化合物，終於在1972 年 11 月成功提取到白色針狀結晶"青蒿素 II"（後命名為青蒿素）（見圖1-2）。

圖 1-2　青蒿素標本及其製品（中國中醫科學院 供圖）

　　在得到屠呦呦研究小組比較詳細的研究資料後，全國多個研究機構分別獨立進行了青蒿抗瘧有效物質的研究，青蒿素因此還被命名為"黃花蒿素"和"黃蒿素"。後來的兩年裏，屠呦呦曾經在確認青蒿素為不含氮的倍半萜內酯類化合物的結構研究陷入困境後，轉而求助於擅長倍半萜結構研究的中國科學院上海有機化學研究所，共同研究後發現青蒿素是一種在自然界從未被發現的化學結構，是一種含有過氧基團的新型倍半萜內酯。

　　在這次發現之前，人類的抗瘧藥都屬於含氮的化合物。屠呦呦研究小組在 1973 年做了化學元素分析、光譜數據分析，她後來說："最後證明青蒿素不含氮，而是一種全新結構的化合物，我們就放心了。"

　　有科學家統計過宇宙中可能成為藥物的化合物數量 —— $3×10^{62}$，這一數字大到人類難以想像。至此，傑出、無私的中國科學家們最終證明，在動盪不安的艱難歲月，他們憑藉生命力、毅力和中醫藥這個寶庫，才從 $3×10^{62}$ 種化合物中找到了自己夢中的化合物。

在 30 多年後，人們了解到青蒿素發現的歷史，知道了屠呦呦和她的同伴們是在何等簡陋的條件下完成了世界級的發現。對當時我國的科學家來說，實際情況要難得多，那不是一時一地的難，而是百年來的落後、動盪、戰亂加在一起才能被充分理解的艱難。

呦呦鹿鳴，食野之蒿

時間回到 1930 年 12 月 30 日，新一年來臨前夕，寧波開明街 508 號的男主人屠濂規徹夜未眠。他接受過西式教育，先後在太平洋輪船公司和銀行工作，已經有三個兒子。天色破曉，產房中傳出嬰兒 "呦呦" 的啼哭，好似小鹿在林中低鳴 —— 和前三次都不一樣的哭聲令他幸福不已，對父親來說，世界上沒有甚麼比收到一個小女兒更好的新年禮物了。

屠濂規想要永遠記得這一刻的體驗，為嬰兒起名 "呦呦"。"呦呦鹿鳴，食野之蒿。我有嘉賓，德音孔昭。" 一個來自父親最快樂的記憶和《詩經》的美麗名字。

屠濂規把閣樓上的書房開放給小女兒玩。她想吃多少香螺，就吃多少香螺。屠家出門朝東走上 20 分鐘就能到三江口，可以看大船；朝月湖西邊走，可以看天一閣 —— 中國最古老的私家藏書樓，裏面的書幾輩子也讀不完。不過，屠呦呦最喜歡、最常去的還是開明街另一頭的外婆家。

外婆家像一個獨立的世界，正樓是面闊三間一弄、進深五柱的大屋子，五脊馬頭山牆，前廳和大廳是三間二弄的二層小樓。當過復旦大學教授的外祖父姚永白樣樣講究，廊樓板端面都雕有捲草紋路。穿過大屋子，內院種滿了樹，到了秋天，滿院金黃的落葉。

1937 年，日本全面侵華。1941 年，屠家的房屋在戰火中損毀，11 歲的屠呦呦隨父母搬來外婆家，直到 21 歲考上北京醫學院離開寧波，她在這座金色的院子裏住了 10 年。在院子裏同住的還有舅舅姚慶三，他從法國留學回來，在銀行上班，研究"貨幣"，他的專著《財政學原論》是中國最早的財政教科書之一。等到舅舅後來"將凱恩斯學術思想引入中國，留下中國第一批凱恩斯理論文獻，赴香港兩家香港中銀集團前身機構任職，推動祖國海外金融事業發展"時，屠呦呦已經長大，沉浸在醫藥學的美妙世界裏。

16 歲那年，屠呦呦染上肺結核，被迫休學在家。兩年藥物治療後，她健康如初，感覺醫藥像作用在身體上的魔法，"如果學會了，不僅可以讓自己遠離病痛，還可以救治更多人"。一年半後，她返回學校，進入寧波私立高中效實中學，這也是父親屠濂規的母校。

效實中學由一羣志氣相投的科學家和本地實業家創建，學費高昂，校風洋派，與復旦大學和聖約翰大學簽訂合約 —— 效實中學畢業生可免試直升這兩所著名大學。效實中學聲名在外還因為它培養了包括生物學家童第周、地球物理學家翁文波、核物理學家戴傳曾、無機化工專家周光耀在內的 15 位院士。

在效實中學，屠呦呦的學號是 A342，在滿教室的"學霸"裏算不上搶眼，好幾科成績都在 70 分上下，只有生物成績突出。同學盧珊舟回憶，對屠呦呦"印象不深，倒是同班的李廷釗比較有名，當年因為深受英語老師的魅力和理想的感染，甚至把牛奶省下來給老師"。不善言辭的屠呦呦也默默地收藏着幾十年前那位老師寫給同學們的信，在老師過世前複製給全班同學每人一份。15年後，中學同學李廷釗與屠呦呦在北京重逢，成為她的丈夫。

1950 年，屠家無力繼續支付效實中學的學費，屠呦呦轉學到寧波中學讀高三。寧波中學是公立體系下的名校，早年，朱自清任學校語文老師，豐子愷任美術老師。在班主任徐季子老師的記憶裏，屠呦呦"作文不錯，字跡工整"，給同學們留下的印象則仍然是"不善言辭""不愛社交"。

屬於屠呦呦的世界，大門還沒有打開。在對她來說沉默的中學時代，哥哥屠恆學曾寫信寄給她一張照片，照片背面寫着："呦呦，學問絕不能使誠心求她的人失望。"

1951 年，屠呦呦自己做出決定，填報並順利考入北京醫學院藥學系。藥學分為藥物檢測、藥物化學和生藥學三個專業，屠呦呦再次選擇了最冷僻、選擇人數最少的生藥學專業。

生藥指純天然、未經加工或簡單加工的植物類、動物類、礦物類藥材。不像藥物化學專業在讀書階段就兼修管理學、經濟學，培養更經世致用之才，直通大型藥廠，生藥學專業通往枯燥、日復一日、很可能一無所獲的藥物實驗室生活。一名美國藥物研發學者曾這樣描述這種實驗室之路，他說，他的絕大部分同事都畢業於一流的研究型大學，進入了擁有頂級配置的實驗室，付出一生的熱忱研究這些生物活性分子，最終一無所獲。

北京醫學院生藥學的奠基人是樓之岑，這位留英博士是浙江人，出生於一個窮苦的中醫世家，家裏只為他支付了小學學費。因為成績異常出色，他一路憑藉獎學金從初中讀到倫敦大學博士學位。他的童年記憶全是窮苦人在家門口排着長隊等待求醫的場景，有的病人被家人用竹擔子抬來，無法想像他們這樣走了多少路，父親對他們則是有求必應。

人的選擇基於他此前一系列的經歷，樓之岑謝絕了倫敦大學的挽留和英國愛文思藥廠的聘書，回國任教，組建了北京醫學院生藥學教研室。在實驗室裏，他遇到了年輕、寡言、極度認真的學生屠呦呦。他們都很適應實驗室裏缺少波瀾的煩瑣工作：和藥材、顯微鏡切片、萃取劑打交道。一天又一天，提取分離有效成分，研究化學性質，鑑定化學結構。

1955 年，剛畢業的屠呦呦被分配到衞生部中醫研究院中藥研究所（見圖1-3）。

圖1-3　1955 年，屠呦呦進入衞生部中醫研究院中藥研究所實驗室工作
（中國中醫科學院 供圖）

這一年，我國打響了國家範圍內防治血吸蟲的戰役。屠呦呦在老師樓之岑的指導下完成了對有效藥物半邊蓮的生藥學研究，證明了中藥半邊蓮是治療血吸蟲病的有效藥物。1958 年，這一研究成果被收錄於《中藥鑑定參考資料》。

那是世事變幻比天氣更快的年代。很快，樓之岑被迫離開實驗室，前往延慶永寧公社灰嶺大隊接受"再教育"。他力所能及地按他的願望工作，甚至像父親當年一樣，跟窮困的患者和赤腳醫生打交道，為他們上課，對在山裏挖到的中藥材進行初步加工，修建了一個簡易的"土藥廠"，甚至自編自印《赤腳醫生通訊》。

老師樓之岑影響了屠呦呦的一生。2015 年 12 月 7 日，屠呦呦應諾貝爾獎委員會邀請在瑞典卡羅林斯卡學院演講，她現場展示了一張老照片（見圖 1-4）並介紹說："這是我剛到中藥研究所時拍的照片，左側是著名生藥學家樓之岑，他在指導我鑑別藥材。"

圖 1-4　20 世紀 50 年代，屠呦呦與老師樓之岑副教授一起做研究（中國中醫科學院 供圖）

試藥人與她的同伴們

發現青蒿素乙醚提取物有效是青蒿素發現史上最關鍵的一步。因動物毒性實驗發現了疑似的毒副作用，屠呦呦為了儘快弄清它，並且擔心錯過當年瘧疾流行期，那樣將延誤一整年的時間，她和同事郎林福、岳鳳先決定以身試藥，第一時間住進了東直門醫院，試服青蒿素乙醚提取物。

"青蒿素治療瘧疾在動物實驗中獲得了完全的成功，那麼作用於人類身上是否安全有效呢？在自己身上進行實驗，在當時沒有關於藥物安全性和臨牀效果評估程序的情況下，是用中草藥治療瘧疾獲得信心的唯一辦法。"屠呦呦說。

屠呦呦和同事們的試藥結果顯示"青蒿素Ⅱ"無毒，但 1973 年首次臨牀試驗的 5 例效果不理想，屠呦呦排查原因發現，匆忙趕製的藥片太硬了（用乳鉢都無法搗碎），人體難以吸收，她改用結晶原粉直接裝膠囊，效果立即顯現。

與此同時，在雲南，負責臨牀試驗的原本是"523 項目"針灸組的李國橋，他對瘧疾患者進行針刺治療，可惜銀針對滅殺瘧原蟲毫無作用。實驗失敗離開疫區前，他收到新發現的黃蒿素，馬上開展臨牀試驗，效果立竿見影：服藥 20 小時，殺滅率在 95% 以上。

據《紐約時報》報道，藥物學者基斯·阿諾德曾經幫助美國軍方研製抗瘧藥甲氟喹。阿諾德回憶，1979 年他在雲南疫區遇到李國橋，雙方進行了"對抗性試驗"，"中國的神祕藥物擊敗了他的藥物"。

中國的神祕藥物在絞殺瘧原蟲的戰鬥中兵貴神速，然而人體代謝它的速度同樣很快，任何錯過了窗口期的瘧原蟲都會捲土重來，造成病情復燃。測定青蒿素化學結構並加以改造的科學家們部分解決了這個問題（1976年後，中科院上海藥物所的李英和廣西桂林製藥廠的劉旭發明了青蒿素衍生物蒿甲醚、青蒿琥酯），將青蒿素衍生物與一些藥性慢但藥效更持久的藥物混合，形成了目前主流的抗瘧聯用療法。

講述"523項目"和青蒿素歷史的書《呦呦有蒿 —— 屠呦呦與青蒿素》中這樣總結："那一代老科學家所做的研究，他們的藥物挽救了世界上很多人的生命，但他們本人卻默默無聞，相關的文獻淹沒於即使能讀中文者也感到冷僻的雜誌，和一般讀者不容易看到的內部會議資料。"

1974年年初，北京的青蒿素、山東的黃花蒿素和雲南的黃蒿素被鑑定為同一種化合物，即青蒿素。

時光飛逝。1981年，中國試點經濟體制改革，歷史轉移了它的注意力，歷時14年的"523項目"告終。協作的科學家們站在一起拍了一張可謂壯觀的合影，做出卓越貢獻的機構和個人領到了作為紀念的獎狀，其中機構134家，個人共計85人。同年，世界衛生組織出版的《瘧疾的化學療法的進展》一書記載，美國華爾特里陸軍研究院在"523項目"同期的12年中為同一目標篩選了25萬種化合物，這意味着25萬次失落的尋找。

遲到的報告與更遲的認可

然而，人類與瘧疾的隱形戰爭從未停止，自諾貝爾獎誕生至今的120多年間，"對抗瘧疾"成為諾貝爾生理學或醫學獎中不斷出現的關鍵詞。

1902 年，英國醫生羅納德‧羅斯因證明了蚊子是傳播瘧疾的媒介獲得諾貝爾生理學或醫學獎。5 年後，法國醫師夏爾‧拉韋朗因發現紅細胞中瘧原蟲的作用過程獲得諾貝爾生理學或醫學獎。之後的 50 年，陸續又有 3 位科學家因與瘧疾相關的研究和發現獲得這一殊榮。

接着，就是 2015 年，屠呦呦因發現青蒿素治療瘧疾的新療法獲諾貝爾生理學或醫學獎（見圖 1-5 和圖 1-6）。在 10 月 5 日該獎項公佈的當晚，因為聽力不好，屠呦呦沒有接到通知獲獎的電話。得知消息後，她徹夜未眠。

據媒體報道，各大機構的賀信、崇拜者送來的鮮花一早就湧入她的客廳，記者們蜂擁而至，屠呦呦拿着一張連夜準備的稿紙，準備回應他們。《紐約時報》的記者還沒問完，屠呦呦的家乡寧波市的市長已經帶着一束鮮花進了門。

然而大約 10 年前的冬天，《環球人物》採訪屠呦呦時，記者描述了自己在屠呦呦的辦公室坐了不到 5 分鐘就趕緊穿上棉服的體驗：暖氣不足，屋裏太冷了，"沒有任何裝修，門窗簡陋，一張沙發已經破得很難坐人，屋裏的電器只有兩樣 —— 電話和存放藥品的舊冰箱"。

"後來變化是非常快的，我都覺得像坐上了火箭。"首都醫科大學教授、屠呦呦唯一的博士生王滿元至今覺得不可思議。

2011 年，全球生命科學領域最有影響力的雜誌《細胞》刊登了一篇介紹青蒿素和屠呦呦所做貢獻的文章 ——《青蒿素：源自中草藥園的發現》，作者是美國國家科學院院士、傳染病專家路易斯‧米勒（Louis H. Miller）以及他的助手、美國國家衛生研究院資深研究員蘇新專。他們的努力為屠呦呦帶來了遲到的認可。

圖 1-5　2015 年，屠呦呦領取諾貝爾生理學或醫學獎（中國中醫科學院 供圖）

圖 1-6　屠呦呦榮獲的諾貝爾生理學或醫學獎獎章（中國中醫科學院 供圖）

2010 年，米勒首次向諾貝爾獎評委會推薦了屠呦呦，落選後，他又將其推薦到拉斯克臨牀醫學研究獎評委會。從這一年開始，米勒每年都會在諾貝爾獎的推薦表格上填上屠呦呦的名字。

蘇新專回憶，這個舉動源於 2005 年米勒在上海參加了寄生蟲學和媒介生物學國際研討會議，共進晚餐時，米勒向研究瘧疾的科學家們請教是誰發現了青蒿素，但無人知曉。

這一幕令米勒回想到奎寧的歷史。奎寧是在青蒿素出現之前應用廣泛的抗瘧藥物，最早出現於 16 世紀秘魯的印第安人之中，後來被西班牙人帶回歐洲使用。然而，印第安人從未被認定為奎寧的發現者。米勒認為青蒿素的發現值得獲諾貝爾獎，他希望盡其所能地避免歷史重演。

蘇新專說，他們開始並不知道屠呦呦。"我在網上查有關資料，查到一篇英國華人寫的文章裏提到了屠呦呦的工作。我又從網上查到他們單位的電話，他們給了我屠呦呦的助手楊嵐的電話，我又打電話給楊嵐。"

他們很快收到了屠呦呦團隊寄往美國的材料，包括屠呦呦出版的專著《青蒿及青蒿素類藥物》，在歷史迷霧中，王滿元認為這本書第一次展現了青蒿素的開發過程。2011 年，蘇新專專程飛到北京拜訪了屠呦呦和 "523 項目"其他成員，他感受到屠呦呦的開朗、直率，他清楚地記得屠呦呦在見面中一直強調："我不想評論別人的工作以及他們對我的評價。我們只需要看一下過程和事實。"

"許多人強調說，青蒿素的開發是一項涉及數百人的團隊合作，獎勵應給予團隊，不幸的是，團隊合作的概念並不總能在國際範圍內獲得認同。米勒博

士問李國橋教授和 '523 項目' 中其他人一個問題：如果您必須選擇三個對項目貢獻最大的人，他們是誰？屠教授一直是第一選擇。"蘇新專說。

2020 年秋，回憶米勒先生和他如何做出最終決定時，蘇新專說："青蒿素的開發是團隊的共同努力，但我們必須確定誰是第一個將青蒿或青蒿素引入 '523 項目' 的人。人們並不總是區分 '發現' 和 '開發'，您需要先發現一些東西，然後才能將其開發為產品。"

2011 年 9 月 23 日，屠呦呦獲得了被稱為諾貝爾生理學或醫學獎風向標的國際醫學大獎拉斯克臨牀醫學研究獎。評委會這樣描述屠呦呦：一個靠"洞察力、視野和頑強的信念"發現了青蒿素的中國女人。

評委會成員露西爾・夏皮羅說："在人類的藥物史上，我們如此慶祝一項能緩解數億人痛苦和壓力並挽救上百個國家、數百萬人生命的發現的機會並不常有。"

新戰鬥

獲諾貝爾獎後，屠呦呦的名字家喻戶曉。她拒絕了絕大多數採訪，因為需要時間工作。她不止一次向時任中國中醫科學院院長的張伯禮訴苦："就到這兒吧，我不習慣這些場面上的事，咱們加緊青蒿素的研究工作吧。"

2020 年 9 月，王滿元打電話問老師的身體檢查結果。兩次感謝學生的關心後，屠呦呦話鋒一轉，幾乎像檢查作業般仔細地過問了王滿元最近的工作情況。"我們之間聊得最多的就是工作。"王滿元說，"那一代人和我們真的不一樣。"

因為年事已高，屠呦呦缺席了哈佛大學醫學院華倫·阿爾波特獎的頒獎儀式。在諾貝爾獎頒獎典禮上，她也因身體不舒服而匆匆返回酒店休息，拒絕了包括蘇新專在內的所有訪客。但只要同她談起工作，身體上的一切不適似乎又都消失了。

"我還有很多事要做，"屠呦呦說，"對青蒿素的研究遠遠沒有結束，隨着研究的深入和研究方法的升級，希望能誕生更多的新葯……我的生活非常簡單，工作就是我最大的樂趣。生活的樂趣源於工作。"

屠呦呦團隊眼下的工作指的是青蒿素"老葯新用"和遏制青蒿素耐藥性的研究。目前青蒿素治療紅斑狼瘡的動物試驗效果不錯，正在進行臨牀試驗。

獲得諾貝爾獎後，中國科學技術協會為屠呦呦辦過一次"科技界祝賀屠呦呦獲諾獎座談會"。屠呦呦在會上不斷提到對工作的擔心和焦慮：

> 我現在年紀已經大了，但是也會為這些事情擔心，聯合用藥確實還是存在問題，聯合用藥並不是說隨便加在一起就可以的，已經產生耐藥性的藥弄在一起更會有問題產生……一直到現在，青蒿素抗瘧的機理也並沒有（被）弄清楚。清華大學有一位周兵同志，他也很努力地在做，組織很多單位聯繫在一起，希望能夠獲得經費支持來繼續工作，但是並沒有得到很好的發展。
>
> 今天院長在這裏，周兵同志還是很努力的，你回去之後再考慮考慮……我這次得獎，最大心願就是希望形成一個新的激勵機制。（讓）很

多年輕同志發揮他們的能力、他們的實力。

　　更嚴峻的是，屠呦呦和年輕一代的科學家如今正面臨新的挑戰：瘧原蟲正在捲土重來。這種比人類長壽數千萬年的古老生物（從 3 000 萬年前琥珀化石中的蚊子體內已經檢測到瘧原蟲），沒有一刻停止進化。

　　如今，非洲已經出現對青蒿素耐藥的瘧原蟲突變，如果不採取措施，假如青蒿素療法失效，非洲將會在 5 年內出現 7 800 萬新增病例和 11.6 萬例額外死亡。

　　世界衛生組織原總幹事陳馮富珍說："我們治療瘧疾最有力武器的效力正受到威脅。"

　　對抗瘧疾的項目被命名為"全球計劃"，由 100 多位瘧疾研究專家討論決定，由蓋茨基金會贊助，這個計劃正在大量召集專業隊伍，投入資金，目標是將目前地球上最好的抗瘧療法 —— 青蒿素聯合療法的耐藥性消滅在萌芽狀態。

　　由國家大協作創造的青蒿素正面臨新的協作，這一次是全球性的。

　　此時，屠呦呦已經 91 歲，但她還要再次投身其中。

（文 / 李炫特）

科學精神內核

　　屠呦呦的科研之路可謂艱難，她選擇了最冷門的專業，又在極端簡陋的條件下忍受着孤獨。

　　1951 年，屠呦呦考上了北京醫學院藥學系，那時藥學分為藥物檢測、藥物化學和生藥學三個專業，生藥學專業通往枯燥、日復一日、很可能一無所獲的藥物實驗室生活，但屠呦呦自己做出決定，進入最冷僻、選擇人數最少的生藥學專業。她甘願和藥材、顯微鏡切片打交道，去體驗科學的孤獨。

　　在注意到青蒿之後，屠呦呦的研究依舊困難重重：因為水煎劑無效，乙醇提取效果差，對瘧原蟲的抑制率一度達到 68%，但後續實驗效果很差，她和同事甚至一度放棄了青蒿。在希望渺茫的時刻，是全力以赴，還是索性放棄？屠呦呦選擇了堅持，並最終奮戰到神奇的發現時刻。

　　獲諾貝爾獎後，屠呦呦的名字家喻戶曉，但她拒絕了絕大多數採訪，並且不止一次向上級訴苦："就到這兒吧，我不習慣這些場面上的事，咱們加緊青蒿素的研究工作吧。"

2

鍾南山

敢 醫 敢 言

　　鍾南山，中國工程院院士，著名呼吸病學專家，1936 年生於南京，1960 年畢業於北京醫學院，2007 年獲得英國愛丁堡大學榮譽博士學位。在中國抗擊"非典"和新冠肺炎疫情的戰役中，他憑藉醫學威信和敢言的風格，成為全國人民信賴的英雄人物。2020 年 8 月，鍾南山獲得代表國家最高榮譽的"共和國勳章"。

敢言

OUTSPOKENNESS

責任

RESPONSIBILITY

奉獻

DEDICATION

本色

SINCERITY

危機時刻

2003 年清明節，一如往常，人們帶着鮮花來到廣州市郊野的陵園，祭奠逝者，也一併懷想生死之事。前來祭奠的人羣中，時年 67 歲的中國工程院院士、著名呼吸病學專家鍾南山顯得心事重重。往年為父母掃墓時，他總是沉默不語，但在那個特殊的春天，鍾南山的雙手下意識握在胸前，對着父親的墓碑小聲說着甚麼。

2002 年 12 月 15 日，一種前所未見的奇怪病症突然在廣東出現，很快蔓延開來。鍾南山明顯感到一場戰役即將打響。

這是一種人類歷史上從未出現過的傳染病，臨牀表現與一般肺炎不同，呈非典型肺炎症候，病人會出現高熱、乾咳、呼吸困難的症狀，如果搶救不及時，容易死於呼吸衰竭或多臟器衰竭。疑似病例最初發現於廣東順德、河源，傳播速度極快，幾個月內便遍佈全世界。

由於最初發病原因和傳播途徑尚不明確，公眾一度陷入恐慌，民間甚至流傳：一旦感染了這種怪病，一天內發病，很快就會呼吸衰竭；和病人打個照面就可能被傳染；有的人上午得病，下午肺上就全是白點，晚上搶救無效死亡。板藍根因被認為有預防功效遭到瘋搶，家家戶戶都飄出了醋味 —— 據傳薰醋也有預防病毒的作用。

一時間國內高校停課封校，未停課的中小學每天按時消毒，校方統一熬製大鍋中藥派發給學生。各類活動和賽事紛紛停辦，當年高考也因此推遲了一個月。疾病的傳播途徑一度困擾着醫療工作者。

2003 年 3 月，正是被稱為"非典"的疫情最嚴酷的時段，救護車奔馳在大街小巷，各大醫院燈火通明。廣東 6 家專門用於接納"非典"病人的醫院已不堪重負。到 3 月 17 日，全省累計報告病例突破 1 000 例。當時在廣州醫科大學附屬第一醫院任職的鍾南山說出了他在"非典"時期至今仍被人銘記的一句話："把重症病人都送到我這裏來。"

到了清明節，形勢已萬分緊急。在中國向 WHO（世界衛生組織）申報的案例中，廣東省 3 月有 361 例新發病例，9 人死亡。病原體尚未查明，治療方式仍在探索，將患者隔離成為為數不多的有效措施之一。

然而，當時有醫學權威說，"非典"疫情已經得到控制。

疫情暴發之後，鍾南山時常發出不一樣的聲音。在關於病原體是不是衣原體、治療方法如何制定的爭執中，他都站在了醫學權威的對立面，這讓他承受了很大的壓力。2003 年 1 月中旬，鍾南山被誤認為"私自"讓香港專家化驗病毒而被警車接走。他說："我老有一種感覺，好像專門喜歡跟誰較勁似的，老覺得不管走到哪兒，我都不太受歡迎。"

在為父母掃墓的這天，鍾南山面對父親的墓碑站了很久。沒有人知道他究竟在想甚麼，但可以肯定的是，他的腦海中無法迴避他父親作為醫者的一生。

其父鍾世藩是民國時期的著名醫生，1930 年畢業於北京協和醫學院，之後取得美國紐約州立大學醫學博士學位，曾在南京中央醫院工作。南京淪陷前，中央醫院撤往貴陽，在硝煙與戰火中，鍾南山度過了小學的 4 年時光。他記得，那時學校每月都要收取伙食費，他年齡尚小，經常不交費，而是到街上購買零食。當母親詢問伙食費是否有結餘時，他選擇了搪塞，母親後來得知實情，對他說："你這樣做是不誠實的表現。"一向嚴厲的父親也質問他："你自己再想一想，為甚麼撒謊？"

後來鍾南山回憶說，這是他對"說真話"最早的認知。

站在父親鍾世藩的墓前默唸許久，鍾南山終於對兒子鍾惟德說："我們要講真話，對得起病人。"那時，一場面向全世界的新聞發佈會即將在北京召開，鍾南山也接到了通知，時間就在 4 天之後。

趕到北京後，有人提醒鍾南山："不要講太多。關於病人的情況，可以說有的醫院做了轉移。"

4 月 10 日，世界各路新聞媒體的長槍短炮對準了中國的官員和醫學專家，對準了座席上的鍾南山。記者們焦急萬分，其中不乏對中國披露的疫情信息將信將疑的西方媒體。

當天的發佈會上，仍然有官員表態：疫情已經得到控制。

在媒體提問環節，作為"非典"疫情暴發以來最受關注的專家，鍾南山成為境外記者提問的主要對象。關於患病人數的問題，鍾南山回答：“為甚麼有一些病人我們沒有發現呢？因為當時有的醫生不是搞這一行的。”“公開報告的數字比較少，為甚麼呢？恐怕你們要理解：有一些病人轉移到了其他科，而這些科又不是呼吸疾病的專科，所以病人在這樣的科裏接受治療，首先需要一些時間才能夠確診。”所說皆是實情。

第二天，在另一場新聞發佈會上，幾名記者連續發問，他們對前一天得到的答案並不滿意，提出了同樣的問題。一名記者直接問鍾南山：“那麼按照你們的看法，是不是疫情已得到控制？”

電視鏡頭裏的鍾南山情緒有些激動：“甚麼已經控制？根本就沒有控制！”

他接着解釋：“目前還不能說是控制，只能說是遏制。控制的前提是要發現這個病原體，同時找到對這個病原體的處理方法。目前這個病的病原體都還沒搞清楚，你怎麼控制它？”

“我們頂多是遏制，不叫控制！”

會場一片譁然。多年以後，當人們回憶起抗擊“非典”的戰役時，鍾南山的公開發言被認為是一個重大的轉折點。

國士

2002 年年末，一位奇怪的患者從河源轉到鍾南山工作的廣州醫科大學附屬第一醫院。在 ICU 病房的 10 號病牀，鍾南山見到了那名生命垂危的病人。作為中國呼吸病研究的泰斗級人物，他發現自己終生孜孜探究的領域出現了前所未見的病症：病人一直高燒不退，持續乾咳，病情不斷惡化，X 光顯示他已經呈現"白肺"，雙肺部炎症呈瀰漫性滲出，陰影占據了整個肺部，使用各種抗生素均不見效。平常人的肺部如同一個皮球，有氣進就鼓起來，氣出了就癟下去，然而這位病人的肺堅硬結實，彷彿一塊塑料，吹不脹也縮不扁。尋常治療的藥物並沒有療效，給他做機械通氣，只能開小容量，做多了肺便會脹破。很快，鍾南山又獲悉了一個更令他詫異的消息：和這名病人有過接觸的 8 個人都被感染了。這引起了他的警覺。

疫情之初，鍾南山判斷可能會發生大規模傳染，他在大年二十九（那年沒有年三十）晚上連夜組建隔離病房，取消一線人員休假，同時採購物資。投建 3 天的呼吸危重症監護中心整建制地投入使用，將優質的資源全部投入了"非典"防治工作。

1 月中旬到 2 月中旬，用於控制"非典"的物資已經青黃不接。由於對"非典"認知不足，珠三角一帶的病人越來越多，大批醫護人員也被感染，病情漸漸失去控制。中山大學附屬第三醫院一個病區的醫護人員全部倒下，不得不將病人轉去廣州市第八人民醫院，隨後該院的醫護人員也倒下一半。一家醫院收治了一批"非典"病人，醫護人員發現他們竟然全是來自其他醫院的醫護人員。

1 月中旬的一天，連續工作 38 個小時後，鍾南山感覺雙腿像灌了鉛。第二天早上，他發起了高燒，拍攝 X 光片後，他發現自己左上肺有炎症。他認為在廣州呼吸疾病研究所抗擊"非典"之戰中，他若倒下對工作的影響太大，勢必挫敗士氣，病人也會產生負面情緒 ── "怎麼連專家都倒下了"，於是他決定回家休養。

躺在家中的牀上，鍾南山感覺格外虛弱，但他並沒有感到呼吸困難——"非典"病人常出現的症狀。護士每天上門給他注射抗生素用以治療，5 天之後，他再次拍攝胸片，肺上的陰影沒有了。當時的治療已經顯示抗生素對"非典"病人無效，他鬆了一口氣：自己的病不是"非典"。

又休息 3 天後，鍾南山回到醫院，當時除了家人和那名打點滴的護士，沒有人知道他的病情。他的身體仍然虛弱，手上拿着的東西會不知不覺掉到地上，自己卻毫無察覺。他笑呵呵地回應周圍人和媒體的關心："我不過是有點兒不舒服，現在不是繼續工作了嗎？"

復工後，鍾南山繼續抓緊尋找應對"非典"的醫療方法。

他與肖正倫、陳榮昌等專家研究出了"無創通氣"（與通常插管或切開氣管通氣不同，而是採用無創的鼻部面罩通氣），增加了病人的氧氣吸入量。當病人出現高熱和肺部炎症加劇時，適當給予類固醇或皮質激素。當病人繼發細菌感染時，要有針對性地使用抗生素。

在醫學界，用類固醇應對病毒性感染是大忌，在減輕發炎的同時對醫治的免疫反應也有所減低，對病人早期使用皮質激素也與傳統治療肺炎的方法相反。鍾南山及其團隊研究認為，要按不同的體質給"非典"病人用皮質激素，分別對待，掌握一定的量和不斷調整控制用量能將副作用降到最小。

鍾南山將以上措施寫入了治療指引文件，並於 3 月 9 日下發各地的醫療單位。

因為鍾南山一句"把重症病人都送到我這裏來"，一個叫梁合東的患者想盡辦法到了廣州呼吸疾病研究所。他在重症病房住了 20 天，一度昏迷，醒來時發現自己兩條手臂、鼻子、口腔都插上了管子。一次因為病情加重，他陷入狂躁、出現幻覺，將身上的管子往下扯，四五個護士都按不住，直到鍾南山出現。

"你知不知道我是誰？"

"我知道，您是鍾院士。"

"那好，你知道我是，那你就要躺下來。"

梁合東竟然平靜了，躺下來接受護士的注射。

與鍾南山一同研究"非典"的鄭伯健教授回憶，醫治重症患者都要把氣管切開，過程非常危險，但經鍾南山救治的重症患者的死亡率都得到了控制，他的措施被證明有效，雙管齊下，危重病人的搶救成功率達到 87%。至 4 月中旬，廣州呼吸疾病研究所收治的 101 名重症病人中，87 人康復出院，搶救成功率為 87%。而在整個廣東，截至 5 月 31 日，累計報告"非典"病例 1 511 例，治癒出院 1 441 例，死亡 57 例，死亡率為 3.7%，是當時全世界"非典"死亡率的最低紀錄。

與此同時，鍾南山和團隊加緊尋找着"非典"的病原體。

2 月 18 日，新華社播發了一條消息："非典"的病原體可基本確定為衣原體。這個結論來自兩份死於本次肺炎病人的屍檢肺標本。但以鍾南山為代表的廣東大部分醫療專家並不接受這個結果。

當日下午，廣東省衛生廳召開了緊急討論會議，臨牀專家提出異議："僅根據兩例電鏡觀察就得出衣原體的結論太過草率，如果按這一結論制定治療方案，可能會造成可怕的後果！"

根據廣東的臨牀專家們的經驗，大量使用應對衣原體的抗生素對"非典"病人均沒有效果。這與當時北京一些專家的意見相悖。廣東省決策層採納了以鍾南山為代表的醫療團隊的意見，堅持了原來的防治措施。

鍾南山從北京回來後，4月11日下午，廣州呼吸疾病研究所打算在第二天舉行發佈會，宣佈"非典"病原體是一種新型冠狀病毒，廣東媒體隨即刊載了這個消息。5天後，世界衛生組織正式宣佈，確認冠狀病毒的一個變種是"非典"的病原體。

事情的發展證明，鍾南山那時在發佈會上的"遏制論"並非危言聳聽。4月中下旬，"非典"在北京等地達到了發病的高峯。

當"非典"在世界多個國家傳播時，中國承擔起自己的大國責任。鍾南山被時任總理溫家寶點名，去往全世界16個國家和地區，講解中國應對"非典"的經驗。時任廣州呼吸疾病研究所黨支部書記的程東海回憶："他的行為為政府緩解了很大的壓力，既消除了國際社會的誤解，又證明了真實的重要性。"

後來，在接受央視《面對面》節目訪談時，主持人王志問鍾南山，"你關心政治嗎？"鍾南山幾乎想都沒想就脫口而出："我只想搞好自己的業務工作，以及做好防治疾病的工作，這本身就是我們最大的政治。一個人在他的崗位上能夠做到最好，這就是他最大的政治。"

"非典"這場新中國成立後最嚴重的疫情，在2003年8月中旬宣告結束。

由於應對經驗不足，疾病暴發之初，疫情一度被瞞報。鍾南山接手後，主張研究有依據的治療方式、無隱瞞披露。面對媒體，他多次發言，大大緩解了社會的恐慌情緒。

　　毫無意外，"非典"之後，全國人民都記住了鍾南山的名字。作為一個醫者，他懂專業、有擔當、講真話，被譽為"國士"（見圖 2-1）。這是一個人所能經歷的最驚心動魄的故事，對鍾南山來說，故事的轉折點大概就在那個清明節 —— 在他於父親墓前喃喃自語之時。

圖 2-1　2012 年，76 歲的鍾南山院士出診（廣州呼吸健康研究院 供圖）

小白鼠的味道

鍾南山的父親鍾世藩有着傳奇的一生。他生於 1901 年，是一名孤兒，9 歲被帶到上海做僕人，憑藉勤勉聰慧，考入北京協和醫學院，而那時的入學者在全國僅有 40 個。在美國紐約州立大學取得博士學位後，鍾世藩到南京中央醫院擔任兒科主治醫師，新中國成立後成為華南醫學院（現中山大學中山醫學院）教授。鍾南山的母親廖月琴畢業於北京協和醫科學院高級護理專業，曾任中山醫科大學腫瘤醫院副院長，是廣東省腫瘤醫院創始人（見圖 2-2）。

圖 2-2　鍾南山（後排右一）與父母、妹妹合影（廣州呼吸健康研究院 供圖）

1936 年 10 月 20 日，鍾南山生於南京，醫院地處鍾山以南，故父親鍾世藩為他取名"南山"。

舉家搬往廣州後，鍾南山的學習成績並不好。他迷上了武俠片，曾經找了一把大傘，推開三樓的窗戶，想像武俠人物一樣用輕功飛起來。但他把傘撐開往下一跳，卻重重摔到了地上，過了一個小時才能起身。三樓外有一棵竹子，年少的鍾南山常常扒着竹節爬上去，再順着竹子溜下來，也會順着樓外牆壁上的水管下到地面。他常和同學玩鬧，與人惡作劇，為逃避別人的追趕，他越跑越快。因為貪玩，剛到廣州時，鍾南山甚至留了一次級。

五年級時，鍾南山在作文裏寫過一位同學。那個同學比他年長，出身貧窮，喜歡音樂，教養很好，也在學校校衛隊充任保安。有一次，班裏有人丟了錢，有人懷疑這位同學，當他問鍾南山信不信他是清白的，鍾南山說信。鍾南山將這件事寫進了作文，老師評價："很真實，有感情，寫出了對於一個普通貧困人家的同學的真摯情感。"

老師的肯定讓鍾南山受到了很大的鼓勵，母親誇他："南山，你還是行的呀！"母親還許諾，如果考上中學，就獎勵他一輛自行車。鍾南山的自尊心得到了極大的滿足，從那時起開始認真讀書。1949 年，他以全校第二名的成績考上嶺南大學附屬中學（現華南師範大學附屬中學）初中部。他開始明白：勤奮做事、取得好成績，就能贏得別人的尊重。初中三年，他始終是班上的第一名，初三時因為成績突出，還直升嶺南大學附屬中學高中部。

父親鍾世藩一直從事乙型腦炎病毒的研究。當時科研經費緊張，他自費買小白鼠在書房做實驗，鍾南山的醫學啓蒙也由此開始。他愛逗小白鼠，也愛看父親做實驗，常在一旁刨根問底。父親讓他幫助照顧小白鼠，他認認真真，每天都去投喂。有人來找他父親，問鄰居鍾家的住址，鄰居說："聞到甚麼地方老鼠味道大，就是他們家。"

晚上，經常有家長帶着孩子來鍾家看病，孩子康復後，鍾世藩顯得特別開心。鍾南山說："那個時候給我的感受是：當醫生能給別人解決問題時，他就會得到社會的尊重，有很強的滿足感，這是當時的一個熱愛的原因。"

鍾南山還經常在醫院里耳聞目睹父親對待病人的態度和方法，這堅定了他當醫生的信念。1955 年，鍾南山考入北京醫學院醫療系。

還在高中時，鍾南山被蘇聯文學吸引，鍾愛《遠離莫斯科的日子》《鋼鐵是怎樣煉成的》等圖書，立志成為保爾·柯察金式的青年，保爾的名言也成為他的座右銘："一個人的生命應當這樣度過：當他回首往事時，不因虛度年華而悔恨，也不因碌碌無為而羞愧。這樣在臨死的時候，他能夠說：我整個的生命和全部的經歷都已獻給世界上最壯麗的事業 —— 為人類的解放而鬥爭。"

鍾南山至今記得高中語文老師講過的一段話："人不應該單純生活在現實中，還應生活在理想中。人如果沒有理想，會將很小的事情看得很大，耿耿於懷；人如果有理想，身邊即使有不愉快的事情，與自己的抱負相比也會很小。"

"後來慢慢察覺到這句話真正的含義，一個人一輩子都要有追求。"鍾南山說，"我這輩子經歷了這麼多，每一次都非常艱難，但每一次都能戰勝困難。為甚麼呢？因為我自己有一個追求。"

體育健將

對體育的鍾愛貫穿了鍾南山的一生，甚至大學報到的第一天，鍾南山沒有幹別的，而是直接鑽進田徑場練習起跑技術。

小學六年級起，鍾南山開始參加體育比賽。1954 年，他參加過廣州市運會，取得了 400 米比賽第四名的成績。高三時，他又代表廣東省參加在上海舉辦的運動會，獲得了 400 米比賽全國第三。除了父母的影響，對鍾南山影響最大的是體育：培養了他不服輸的性格、戰勝困難的勇氣，讓他學會了善於拚搏。

因為體育出色，鍾南山的人生軌跡本有可能全然不同。高中時，中央體育學院（現北京體育大學）寄來一封信，希望他到國家隊參加訓練。但父親建議他繼續好好讀書，搞體育競賽不可終其一生，醫學研究和治病救人卻可以。鍾南山考慮了自己的身高和興趣，決定學醫。

在北京醫學院，他的體育成績仍然突出（見圖 2-3）。1958 年，鍾南山代表北醫參加北京市運動會，取得了 400 米欄第二名。隨後，他被北京市體委看中，參加全運會集訓，專攻跨欄賽跑。1958 年 8 月，在第一屆全運會的比賽測驗中，鍾南山以 54 秒 2 的成績打破了當時 54 秒 6 的 400 米欄全國紀錄。1960 年，他獲得北京市運動會男子十項全能亞軍。鍾南山在北京醫學院創造的 110 米欄和 400 米欄的紀錄，時隔半個世紀仍然無人打破。

第一屆全運會結束後，北京市體委希望鍾南山留在體工隊。鍾南山放棄了這個機會。他覺得自己的身體天賦有限，最多只能成為亞洲級別的運動員，無法取得更大的突破。他繼續將治病救人作為從事一生的工作。

圖 2-3　1956 年，鍾南山參加九院校運動會，400 米比賽獲得第一名（54 秒），能代表北醫，心裏總感到很驕傲（廣州呼吸健康研究院 供圖）

　　然而，成為醫生的道路並非一帆風順。畢業後，鍾南山留校工作，先後擔任輔導員、校報編輯、文宣隊隊員並從事放射醫學教學工作，這些都與他期望的醫務工作沒有直接關係。在這一時期，鍾南山遇到了籃球運動員、電影《女籃 5 號》的原型李少芬，兩人成為一生的伴侶。

　　無論個人志趣如何，他都沒有辦法超脫時代的影響。1964 年，鍾南山被派往山東乳山參加 "四清運動"，與農民同吃同住同勞動。"文革" 開始後，鍾南山的家庭受到嚴重影響，受父母政治履歷的影響，鍾南山被迫離開教學崗位。因為運動成績突出，為學校爭得不少榮譽，他被安排去燒鍋爐。但鍾南山的品性不會因政治局勢而改變，在一次獻血時，他獻出 400 毫升，昏倒在了鍋爐房門口。次年，他加入下鄉醫療隊，來到河北寬城縣，遇到病人卻束手無策。

作為醫學院畢業生，他感到非常自責，但一時間無力改變人生的際遇。

鍾南山 35 歲那年，妻子李少芬在一次比賽中意外腦震盪，在廣州家中養病，希望他能回家照顧。這個請求得到了廣州市革委會的支持。離開北京後，鍾南山到廣州第四人民醫院（現廣州醫科大學附屬第一醫院）工作，終於成為一名醫生。他本希望當胸外科醫生，但醫院考慮到他的年齡，將他安排到了急診室。

"我從小就想當醫生，上大學時做師資，從事新專業，後來搞放射生物化學。一直都服從分配，從來都是標兵、先進，所以 1960—1971 年，整整 11 年，我都沒做醫生。"鍾南山後來說，成為醫生是他一生的志願，但在那個時代環境中，人生並非他能自主選擇的。這次終於得償所願。

然而，到醫院後不久，鍾南山將一位咳出黑紅色血的病人誤診為結核病，次日發現是消化道嘔血，病人險些丟了性命。醫院以"急診室工作太累"為由，打算將鍾南山安排到病房，與另一位同事對調，但被病房拒絕了。

這件事深深刺激了鍾南山，他從競技體育中學到的不服輸精神再次顯現。他把大量時間用在學習上，跟着大夫余真鑽研治療病人的方法、原理，每天回家後研究功課直到深夜。

余真大夫後來回憶：不過兩三個月，原先粗壯黑實的運動員體格，減了不止一個碼；原先圓頭滿腮、雙目炯炯發光、笑口常開的一個小夥子，變得高顴深目、面容嚴肅，走路也在思考問題；原先緊繃在身上的白大褂，竟然顯得飄逸寬鬆。外人甚至向她打探鍾南山的健康是否出了問題。

8 個月內，鍾南山瘦了 4 公斤，寫了 4 大本醫療手記，每個病例都有詳細記錄。他熟練掌握了消化道出血、潰瘍穿孔、高血壓病、腦血管病、心力衰竭及呼吸衰竭等急診室常見的主要病症。其他醫生評價他："頂得上一個主治醫生。"

當上醫生後，鍾南山一直謹記父親的教誨。鍾世藩平日沉默寡言，可只要一開口就有理有據。1969 年，鍾世藩與鍾南山父子二人遇到一個生病的孩子，尿血很嚴重。鍾南山一看，認為是一個結核病患者。父親問他："你怎麼知道他得的是結核病？"

這一問，竟把鍾南山問住了。父親後來告訴他，尿血可能是很多因素造成的，可能是膀胱的炎症，可能是結石，也有可能是結核病。做任何事都要有證據，醫者人命，沒有十足的證據，不可輕下判斷。

往後，有理有據、只說真話成為鍾南山面對棘手事件時堅持的原則。

中國人不是一無是處

父親的品行影響了鍾南山的一生，其中一個最重要的主題便是對祖國和人民的熱愛。

在中華人民共和國成立前夕，國民黨衛生署署長前往廣州，面見時任中央醫院院長的鍾世藩，命令他攜全家及中央醫院的 13 萬美元撤往台灣。

鍾世藩拒絕了，選擇留在廣州。廣州解放後，他把醫院的全部款項悉數移交給了軍管會。省醫檔案室至今還保留着一份已經發黃的檔案 ——《1950年中央醫院財產移交清冊》，正是鍾世藩向軍管會移交財產的記錄。這本長達410 頁的檔案記載了鍾世藩當時移交的全部內容，包括文書、信件、圖書、房屋、藥品、醫療與生活器材、建築材料等等，一應俱全。

這是鍾南山接受的最直接、最真切的愛國教育。但直到人生的第 43 年，他的這份深沉情感才在一次包含了屈辱的經歷中被直接觸發。

1978 年，打倒"四人幫"後，中國的知識分子重新出發，再次向科學進軍。這一年，鍾南山與他人合寫的論文被評為全國科學大會成果獎一等獎。在一次資格考試後，他獲得赴英國進修兩年的機會。為了節省國家經費，在 43 歲生日那天，鍾南山和同伴決定乘火車去英國，經過 9 天的跋涉抵達倫敦。

當時他的指導老師、英國愛丁堡大學附屬皇家醫院呼吸系主任弗蘭里教授寫信告訴他：根據英國法律，中國的醫生資格不被承認，所以他不能進行臨牀工作，只能參觀實驗或病房。"你來 8 個月就可以了，再長對你我都不合適。希望你在倫敦的時候早點兒聯繫一下，看有沒有別的地方可以去。"

收到來信，鍾南山暗下決心，要為祖國爭口氣。

他發現弗蘭里教授與戒菸有關的實驗項目符合自己的研究方向，弗蘭里曾推導過公式，但鍾南山對他的結果有懷疑。他向皇家醫院呼吸生物化學實驗室主任羅伊要來一台出了問題的血液氣體平衡儀，維修一番後，鍾南山以抽自己的血進行檢測，抽了 30 多次、共 800 毫升血之後，這台機器終於開始正常運轉。

鍾南山繼續鑽研，完成了對實驗的設計後，他找來許多吸菸者作為研究對象，但仍缺少系統的觀察和一手數據。他決定用自己的身體做實驗，他一邊吸入一氧化碳，一邊根據吸入濃度的提高抽血檢驗。當一氧化碳濃度達到 15% 時，鍾南山覺得頭暈，此時一氧化碳的濃度相當於一個人連續吸食五六十根香菸。同行奉勸他停止，但他估計，濃度要到 18%，實驗曲線才能做得比較完整，他堅持繼續吸入，直到濃度達到 22% 才停手。3 個月後，他把實驗曲線做得很漂亮。

最終，鍾南山不僅證實了弗蘭里教授的一個驗算公式，還發現了公式推導不完整的問題。弗蘭里教授聽完鍾南山的報告，決定將結果介紹到英國醫學研究委員會去發表，並讓他"愛待多長時間就待多長時間"。

兩年內，鍾南山先後完成四項研究，在呼吸系統疾病的研究上取得了 6 項重要成果，發表了 7 篇重磅學術論文。他還獲得了倫敦大學聖巴弗勒姆學院和墨西哥國際變態反應學會的榮譽稱號，改變了英國同行對中國醫生的看法。鍾南山回國前，英國愛丁堡大學極力挽留他在皇家醫院工作，但他一心回國。

回國後，鍾南山收到了中國駐英大使館轉交的一封信，導師弗蘭里教授在信中寫道："在我的學術生涯中，與許多國家的學者合作過。但我坦率地說，從未遇見過一位學者像鍾醫生這樣勤奮，合作得這樣好、這樣卓有成效。"

父親鍾世藩也表揚了鍾南山："你終於用行動讓外國人明白了中國人不是一無是處。"在鍾南山的記憶中，這是父親第一次表揚他。

直到現在，每當鍾南山向學生談起在英國進修的故事，都會告訴他們："有一天你們也會走向世界，但是請你們記住：科學沒有國界，但科學家有國界。"

縱觀鍾南山的科研生涯，他一直將慢性阻塞性肺病作為主要研究方向，在中國，這種疾病位列人羣死因的前三位。1999 年起，鍾南山帶領團隊提出對慢性阻塞性肺病進行早期干預的重要方法。如今，世界衛生組織編撰的新版《慢性阻塞性肺病全球防治指南》中收錄了鍾南山團隊的成果，其中兩篇論文分別被評為《柳葉刀》年度最佳論文及年度國際環境與流行病領域最佳論文。

在世界頂級的《新英格蘭醫學雜誌》上，鍾南山與冉丕鑫一道發表了有關慢性阻塞性肺病的研究成果，引發全球呼吸疾病領域的轟動，這是他在抗擊"非典"之後最滿意的一件事情——中國的醫學學者同樣能為全人類的醫學事業做出重大貢獻。

再次臨危受命

"請鍾院士今天務必趕往武漢。"助理蘇越明收到來自國家衞生健康委員會信息的時間是 2020 年 1 月 18 日。

22 天前，湖北省發現一對老年夫婦及其兒子的肺部出現了同樣的炎症。數日後，醫院接收了 4 名來自華南海鮮市場的病人，病症高度相似。很快，一種冠狀病毒被確定為疫情的病原體。相關方面幾乎立刻想到了鍾南山。

收到信息的當天下午，廣州南站人頭攢動，滿是返鄉過節的歡聲笑語。人們還不知道，一場比"非典"更嚴峻的挑戰正在急速到來。

17 點 45 分，鍾南山與蘇越明坐上了趕往武漢的高鐵，因為事出緊急，他們只能被臨時安置在餐車的一角。

在餐車坐定後，鍾南山立刻拿出電腦整理資料，直到晚上 9 點才停下來，頭靠椅背，閉眼小憩。蘇越明拍下了鍾南山那一刻的樣子，事後蘇越明回憶說："他已經很累了，但他從來都不會說，從來都不會。"

1 月 20 日晚間，84 歲的鍾南山作為國家衞建委高級別專家組組長，接受了白巖松的採訪，他指出新型冠狀病毒很可能來自野味，"肯定的人傳人"且

"已有 14 名醫務人員被感染"。他提醒公眾提高防範意識，戴口罩，勤洗手，沒有特殊情況就不要去武漢。

在答記者問時，鍾南山重申了"人傳人"的事實，並告訴公眾 95% 以上的病患跟武漢有關係，而且已經證實有醫務人員感染。

鍾南山的言論更新了官方最初的說法，又是一次一錘定音的發聲。

互聯網上，人們紛紛感到慶幸："還好我們有鍾院士。"也是在這一天，蘇越明拍攝的照片與鍾南山奔赴武漢的消息一起上了熱搜。《人民日報》微博評價鍾南山：17 年前奮戰在抗擊"非典"第一線，如今再戰防疫最前線，84 歲的鍾南山有院士的專業，有戰士的勇猛，更有國士的擔當。

鍾南山的公開發言再次成為疫情的轉折點。湖北省各市區相繼封鎖，參照 2003 年北京小湯山醫院，武漢市開始建設雷神山、火神山兩所醫院，用於危重症患者的集中治療。同時，方艙醫院動工修建，集中收治輕症患者。中國的抗疫局勢很快被扭轉。

從武漢回到廣州後，84 歲的鍾南山暫時離開了抗疫的第一線，但廣州醫科大學附屬第一醫院援鄂醫療隊隊長張挪富幾乎每天都要與他溝通。"冬天會不會有第二波疫情？學生要不要開學？開學了要不要戴口罩？"張挪富說，事無鉅細，總有問題需要鍾南山提供意見，壓力在所難免。

作為曾經的運動健將，鍾南山的身體一直很好，這一年偶然會有點兒小症狀，但張挪富發現："他有一種精神、有一種幹勁兒，總覺得工作起來會更好，讓他休息反而會不舒服。"

鍾南山工作室的牆上掛着"敢醫敢言"四個大字。2003 年以來，無論面對

"非典"還是甲型 H1N1 流感、H7N9 型禽流感、MERS（中東呼吸綜合徵）等病毒，鍾南山總是在一線，他的每個言論都會在人羣中廣為流傳。在"非典"和新冠肺炎疫情中的兩次挺身而出，讓他成為人們心中公信力的代表。2020年 8 月 11 日，國家主席習近平簽署主席令，授予鍾南山"共和國勳章"。

在經歷了"非典"與新冠肺炎兩次疫情之後，鍾南山變得格外忙碌，但有些事情是他從來不會忽略的。門診依然被鍾南山視為"必要的事情"，同樣必要的是週三上午的查房，他的學生、護士、護士長、主治醫生、主任醫師緊隨其後。

每個週四下午依然是鍾南山的例行問診時間，如無特殊情況，兩點半他會準時出現在門診三樓的診室，直接面對從全國各地慕名而來的患者。

這些患者通過專家熱線預約，提交病例後由助手們篩選，緊急的病症會被優先安排。有的病人願意為此等待長達六個月，只為由鍾南山一對一問診。最多時，預約的病人甚至排到了兩年後。

大部分時間，鍾南山是不苟言笑的，看上去似乎有些"威嚴"。但當病人走入診室時，他的臉上立刻洋溢着乾淨又暖心的笑容，輕聲問："你哪兒不舒服啊？"

不論身兼多少職務、獲得多少榮譽，鍾南山總會不斷地重複一句話："我不過是一個看病的大夫。"

（文 / 張明萌）

科學精神內核

　　生於醫學世家的鍾南山似乎注定要成為一名傑出的醫生，但在這條道路上，他經歷了一次次波折：人生的多種選擇，"文革"的動盪歲月，改革開放後國家百廢待興的局面，都有可能使得他的人生走向另一個方向。

　　不過，人生的遭遇同樣造就了鍾南山。動盪教他堅韌：1971 年到廣州第四人民醫院正式成為醫生之初，為了提高自己的專業能力，鍾南山每天研究功課直到深夜，8 個月內寫了 4 大本醫療手記，人也瘦了 4 公斤。波折教他堅守原則：在"非典"疫情中，鍾南山不畏權威、敢講真話，一句"把重症病人都送到我這裏來"至今為人銘記。

　　在科研方面，鍾南山在留學英國期間不惜以身實驗，發表了多篇有關呼吸系統疾病的重要研究論文，改變了英國同行對中國醫生的看法。他證明了中國的醫學學者同樣能為全人類的醫學事業做出貢獻。

　　2020 年，被公眾讚譽為"國士無雙"的鍾南山已經 84 歲，他仍然堅持在一線問診，醫者本色絲毫未改。在他看來，無論獲得過多少榮譽，自己仍然是一個"看病的大夫"。

3

張益唐

數 學 天 才 和 他 孤 獨 的 二 十 年

　　張益唐，數學家，美國加利福尼亞大學聖塔芭芭拉分校數學系教授，1955 年生於上海，1978 年考入北京大學數學系，1992 年畢業於普渡大學，獲博士學位。2013 年，他成為破解數學領域最著名猜想之一"孿生素數猜想"的關鍵人物。

淡泊名利

UNWORLDLINESS

純粋執着

PURE RESOLUTENESS

大器晩成

LATE BLOOMER

雄心勃勃

AMBITION

又一個解決了"孿生素數猜想"的人

新罕布什爾州位於美國的東北部，這裏的冬天寒冷而漫長，但到了春天，整個地區便被大片的草地和楓林裝點得綠意盎然。

2013 年 4 月的一個清晨，一個華人走進了新罕布什爾大學數學系主任愛德華・欣森（Edward Hinson）的辦公室，隔着桌子遞給他一份手稿，說他準備待會兒就把這篇論文投給世界權威學術期刊 ——《數學年刊》，論文題目是"素數間的有界距離"。

這個叫張益唐的華人已經 58 歲，鬢角有了白髮，來到新罕布什爾大學 14 年，仍然只是一位講師。他發表過的論文少得可憐，總共只有兩篇，上一次還是 12 年前，再上一次是 1985 年。因此，晉升為教授的提議曾遭到系裏同事的反對。至於《數學年刊》，它是全球頂級的專業刊物，整個 2013 年共收到 915 篇論文，只發表了其中不到 4%。

"直到那一刻，我甚至都不知道他在研究這個。"系主任愛德華·欣森後來說，他知道這篇論文的分量，他只是有些震驚。

　　這篇論文研究的"孿生素數猜想"十分古老，最早要追溯到歐幾里得的研究，難度不亞於著名的"哥德巴赫猜想"和"黎曼猜想"。長久以來，無數人想要解決它，其中不乏偉大的數學家，也就是整個人類中最聰明的頭腦，但往往才踏出第一步就如同置身於夢魘。

　　當時的數學界幾乎沒有人知道張益唐這個名字。他斯斯文文的，戴着一副眼鏡，性格有些孤僻，與人合租在離新罕布什爾大學約 13 公里的地方，每天坐公交車上下班，每學期上 4 門課，按日結薪，沒有研究經費，就連數學系的同事都常常忘了他的存在。當地不足百人的華人小圈子對他知之甚少，只把這位同胞看作一個古怪的人。

　　離開系主任的辦公室後，這位古怪、不出名的講師張益唐投送了他的論文，這一天是 2013 年 4 月 17 日。

　　很快，《數學年刊》的編輯收到了論文，但有些拿不準。遇到這種情況時，他們會去求助相關領域的權威人物。

　　這一天，普林斯頓高等研究院的解析數學家恩里科·邦別里（Enrico Bombieri）正在教師餐廳用餐，《數學年刊》的編輯徑直地走向他，語帶困惑地問："邦別里教授，我們收到一篇關於孿生素數的有界距離的論文，是一個不知名的華裔數學家寄來的。我們收到過太多這種論文，該怎麼辦呢？"

　　如果說素數研究領域有世界公認的權威，那麼邦別里教授就是其中之一：基於對素數的研究，他獲得過 1974 年的菲爾茲獎 —— 數學界的最高榮譽之一。事實上，多年來，許多數學愛好者紛紛發送郵件給邦別里教授，聲稱找到了解決孿生素數有界距離的方法。對此，他認為最恰當的回覆是：不要發論文給我，我也不看。

另一位數學家、聖何塞州立大學的丹尼爾·戈德斯通（Daniel Goldston）教授說得更直白，他說："我可以說是拒稿的專家，我見過許多聲稱證明了'孿生素數猜想'的人，但他們寫的都是垃圾。"

戈德斯通教授有這麼說的底氣，他曾是最接近證明"孿生素數猜想"的人。2003 年，他與另外兩位數學家取得了激動人心的成果，離終點的距離只差分毫，但最後數學家們都悲觀地認為："目前，我們受知識和方法的限制，這一步是不可能跨過去的。"戈德斯通說，他在有生之年大概是看不到答案了。

另一位接到審稿邀請的數學家亨里克·伊萬涅茨（Henryk Iwaniec）則很快開始研讀張益唐的論文。他一開始並無多大興趣，以為又是哪個數學愛好者的妄作，但漸漸被深深吸引。他發給《數學年刊》的編委彼得·薩奈克（Peter Sarnak）教授的第一封電子郵件是："這篇論文有一個好的想法。"第二天，郵件的措辭就變成了"這篇論文有一個很好的想法"。

伊萬涅茨以一封封郵件遞進着自己的驚訝：

"這篇論文有一個非常好的想法。"

"這篇論文有可能是對的。"

"這篇論文非常可能是對的。"

"我認為這篇論文是對的。"

審稿的第二週，伊萬涅茨教授把自己關在家裏。他不再看張益唐的論文，而是按照張益唐的思路重寫了一遍，寫完，他確信自己的結果與張益唐的別無二致。第三週，伊萬涅茨開始逐字逐句挑論文裏的錯誤。後來張益唐說，伊萬涅茨挑得非常細緻，比如文中有一個英文單詞應該是複數，自己用成了單數，但論文是對的。

震驚數學界

張益唐研究的"孿生素數猜想"是一個困擾了人類幾千年的問題，但它的基本描述其實非常簡單。

素數又稱質數，指只能被 1 和它本身整除的數字，包括 2、3、5、7、11、13、17 等，可以說素數是數字世界裏最基本的概念。在這些素數中，相差為 2 的素數對被稱作"孿生素數"，比如 (3，5)、(5，7)、(11，13)、(17，19)。

人們發現，隨着數字變大，孿生素數越來越稀少，那麼最終會不會再也找不到新的孿生素數呢？2 000 多年前，古希臘數學家歐幾里得曾猜想，這樣的素數對應該有無窮多個，但他無法證明。這就是"孿生素數猜想"。

千年以降，這個猜想依然停留於數學家的頭腦中。1900 年，德國數學家希爾伯特在巴黎舉行的第二屆國際數學家大會上發表題為"數學問題"的著名講演。他根據過去（特別是 19 世紀）數學的研究成果和發展趨勢提出了 23 個值得數學家思考的數學問題，"孿生素數猜想"是第 8 個待解答問題的一部分，和它一起被提出的正是廣為人知的"哥德巴赫猜想"和"黎曼猜想"。它們是數學殿堂的尖頂，代表着人類智力所能企及的頂峯。為了證明它，百年來的數學家們孜孜以求，變換出了許多種方法。

2003 年，戈德斯通教授與另外兩位數學家合作，證明了存在無窮多個素數對，它們之間的距離總是小於一個定值，只是尚不能確定這個定值是多少。這是一個激動人心的成果，他們離終點只差"一根頭髮絲"的距離。為此，世界各地的頂級數學家在普林斯頓高等研究院開了一週的討論會，試圖跨過"這根頭髮絲"，但最後他們仍止步不前，甚至一度陷入絕望。

這一切終止於張益唐的《素數間的有界距離》，他在論文中證明了存在無數個素數對 (p, q)，其中每對素數之差，即 p 和 q 的距離，不超過 7 000 萬。

張益唐所用的方法是一種淵源久遠的篩選法，可以追溯到公元前 3 世紀天文學家、數學家埃拉托色尼的研究，因此也被稱為"埃拉托色尼篩選法"。

張益唐後來對媒體解釋說，可用這種簡單的篩選法找到 1 000 以下的素數，寫下所有的數字，然後刪除 2 的倍數，因為這些數是偶數，不可能是素數。然後刪除 3 的倍數、5 的倍數，以此類推，一直到 31 的倍數。此前戈德斯通教授等人使用的也是篩選法，對於那個令他們頭痛不已、止步不前的定值，張益唐給出的答案是 7 000 萬。

"一個數學圈外的人做到了，這太不同尋常了。"當張益唐的論文橫空出世時，眾人的反應像戈德斯通教授一樣，整個數學界陷入震驚當中。雖然要將 7 000 萬縮小到 2 才算是最終證明了"孿生素數猜想"，但從無窮大到 7 000 萬是從無到有，彷彿黑暗中的第一線光。戈德斯通教授說："從 7 000 萬到 2 的距離與之相比微不足道。"

張益唐的論文發表之後，全世界的數學家紛紛沿着他論文中的思想，爭相將 7 000 萬壓縮為更小的數字，一個叫做詹姆斯・梅納德（James Maynard）的英國數學家將這個數字推算到了 246。曙光似乎就在眼前。

回到 2013 年屬於張益唐的那個春天，《數學年刊》從收到該論文到刊發僅僅用了三週，是創刊近 130 年來最快的一次，要知道它通常的刊發時間是 24 個月，有時甚至長達四五年。

張益唐聽到這個好消息後撥通了妻子孫雅玲的電話，那時她遠在聖何塞。張益唐讓妻子留心媒體的報道，因為“你會在那上面看到我的名字”，妻子卻回應他說：“你是不是喝醉了？”

人們一時無法把世界級的數學成就和那個普普通通甚至有些潦倒的講師張益唐聯繫起來。張益唐的好朋友齊雅格在網上看到有關他的鋪天蓋地的報道，一度不敢相信。他興奮地打電話給張益唐，確認消息後才向他表示了祝賀。

張益唐執教的新罕布什爾大學數學系隨後也告訴他不用教書了，薪水會漲，職位也會晉升。系裏的祕書老太太關心的卻是：張益唐以後還會給系裏的飲水機換水嗎？

直到這時，人們才逐漸了解到，張益唐曾是北京大學極富天賦的數學天才，20 多年來卻過着一種常人難以理解的孤寂又困窘的生活，一度居無定所，甚至在朋友、家人的世界中消失了很多年。

他的妹妹張盈唐回憶，在失去聯絡 8 年後，她與母親在 2001 年終於重新聯繫上了哥哥，並收到了他寄來的照片，母親看着張益唐的近照不禁流下了眼淚：“這照片上的毛背心還是他出國前我親手給他織的，這手錶也是出國的時候戴的。你哥哥這些年過的是甚麼日子啊！"

隨着媒體報道的深入，人們對張益唐的身世、前半生的故事越發感到驚訝，其中包含了一個人為追尋智慧、真理所能付出的一切，當然，還有那令人欣慰的、精神上的純粹報償。

天才少年

張益唐1955年出生在上海，父親曾經是中共地下黨員，新中國成立後有一段時間是清華大學無線電工程系的教師，母親則在當時郵電部機關工作。張益唐名字中的"唐"是母親的姓，"益"字諧音"一"，寓意他是家裏的第一個孩子（見圖3—1）。因為父母都在北京工作，所以張益唐小時候一直跟隨外婆在上海生活。

"我的外婆家就是很普通的工人家庭，舅舅、姨媽們的最高教育程度是初中畢業，我外婆則基本上不識字。"雖然父母都是高級知識分子，但因為分隔兩地，學齡前的張益唐並沒有受過所謂家學的熏陶，只是從很小的時候起，他對書本和知識的興趣就像蒲公英的種子悄然四散萌發，他通常將之歸於自己內向的性格，這種性格讓他傾向於獨處，他說這是一種天生的好惡："我喜歡讀書、思考，沒人教過我，但我喜歡這些。"

張益唐最早的興趣還不在數學上，他還在上幼兒園的時候就迷上了小舅舅的地理課本，甚至發燒說胡話，嘴巴里冒出來的都是世界各國首都的名稱，後來他的興趣逐漸轉到數學上。

圖 3-1　張益唐與父母、妹妹合影 (張盈唐 供圖)

　　"我的啓蒙是在 20 世紀 60 年代，那時有一套給青少年的科普讀物《十萬個為甚麼》，後來又出了幾版。我記得最初有五冊，後來又加了三冊，其中第七冊是生物，第八冊是數學。我那時大概 10 歲。"張益唐從那時起就有了自己心目中的"數學英雄"—— 著名數學家高斯，他享有"數學王子"之稱。可以想像，這樣一位光彩奪目的數學天才在幼年的張益唐心中留下了怎樣的印象。

　　張家長輩直到如今都愛拿一個段子說笑 ——"舅舅大婚之日，外甥大哭一場"，指的是大舅的婚禮上，小孩子按習俗要單獨坐一桌，但倔強的張益唐一定要和數學老師姚先生坐在一起請教數學問題，大人不同意，他就在舅舅的婚禮上大哭一場，攪亂了一場喜事。

雖然張益唐並不願被稱作神童，但如今流傳下來的都是這樣的故事。至於為甚麼是數學，他曾經解釋說："數學和文學，甚至和音樂，有很多共通之處，都是一種對美的追求。我們往往在朦朧的、不是很清楚規範的時候，反而能感受到一種美。"

在數學之外，張益唐並未偏廢文理，他有着良好的古文功底，這倒可能和家學有關。他的父親寫得一手好毛筆字，喜歡《稼軒長短句》和《白香詞譜》，張益唐從小就能背誦《西遊記》和《紅樓夢》裏的內容，對《古文觀止》愛不釋手，對西方文學（包括雨果、巴爾扎克、莫泊桑和陀思妥耶夫斯基的作品）也知之甚詳。40 多年後，採訪他的記者發現他隨身攜帶的不是數學書，而是卡夫卡的長篇小說《城堡》。

原本平靜的生活被"文革"打破，張益唐的父母都被打倒，他跟着母親下放去了位於湖北農村的幹校參加改造。那是一個讀數學書也要受呵斥的年代，少年張益唐必須在泥濘的土路上扛起上百斤的麻袋艱難前行，沒有人同情他。因為父母的政治問題，他無緣上高中，人生差點兒被定格在務農的命運。"文革"後期回到北京，他錯過了高中，只好去一家製鎖廠當工人，開衝牀，製造一種如今已被淘汰的掛鎖。未來的數學家人生彷徨，似乎剛擺脫務農的命運，又要當一輩子的工人。

在莫測的人生中，只有數學能帶給他一種堅實感，當然數學很難，但數學的世界不是莫測的。張益唐說："我真的相信數學應該非常純粹。我相信數學是有邏輯的。你剛開始思考的時候，一切都很不清晰，但它可以漸漸清晰起來。那可以說是一種直覺，有時候直覺是很難用語言描述的。"

這是後來所有故事的起點，青年張益唐在數學裏以夢為馬。1973 年，張益唐讀到了《中國科學》雜誌上發表的陳景潤的論文《大偶數表為一個素數及一個不超過二個素數的乘積之和》，名字拗口，基本屬於外行人看着每個字都認識但就是不明所以。張益唐說，後來有些報道說他是在 1978 年讀了徐遲的報告文學後才對數論產生了興趣，其實不是，在這之前他已經有所涉獵，而且基本上都能看懂。

當時張益唐是工人，雖然每天都要待在工廠裏，但工人身份也有好處：做了工人就有工作證，週末就可以去普通人無緣進入的圖書館。在中國國家圖書館，青年工人張益唐一個人泡在裏面，看數論重鎮山東大學的學報，看王元、潘承洞等數論大家早期發表的文章，後者是他攻讀碩士學位期間的導師潘承彪的親哥哥。

那時候張益唐的英語水平不行，讀一位意大利數學家於 1965 年發表的論大篩法的文章基本連蒙帶猜，但仍為之着迷。他說："我說不出來為甚麼那種情況下就那麼喜歡數學，而且我不能說沒有收穫，我還真能讀懂，我這人就是喜歡數學。"

妹妹張盈唐比哥哥小 11 歲，她回憶起那個階段的張益唐說："哥哥住在單獨的另外一間。年少的我只記得哥哥的工作總是三班倒，哥哥把下班後的所有時間獻給他的數學。他喜歡他的小屋，安靜不受干擾；他寶貝他的時間，除了吃飯時間，最多也就是逗逗我們幾個小孩子玩，一會兒就不見人影了，剩下的時間都窩在他那個小房間中搗鼓他的數學。"

1977 年高考恢復，張益唐報考北京大學數學系，第一次參加高考折戟了，不是數學、英語，而是政治沒考好。第二年捲土重來，倔強又自負的張益唐卻不願讀本科了，要直接報考研究生。一個中學都沒讀過的人竟然要直接讀研究生，所有人都嚇了一跳。

他的母親堅決反對，兩人大吵一架，誰也說服不了誰。母親只好使出撒手鐧，倒在牀上，嘴裏說着被張益唐氣死了、氣病了，又說，他要是不答應，自己就不去醫院。張益唐是孝子，到此也就沒了脾氣，同意讀本科，母親的病也就忽然不藥而癒。

後來，張盈唐說，哥哥能與北大結緣，也應該感謝母親。

1978 年，張益唐第二次參加高考，考上北大，每科滿分 100 分，他數學考了 90 多分，語文考了 82 分，都是難得的高分。雖然已經是恢復高考的第二年，張益唐卻成為"文革"後北大數學系招收的第一批學生之一，因為前一年百廢待興，北大數學系甚至沒有合適的教材，不得不暫緩招生。

張益唐所在的 1978 級也就成了數學系建系以來最特別的一屆：既有"文革"前的"老三屆"高中生，考上大學時已經三四十歲，也有張益唐這樣二十來歲當過農民、工人的社會人員，還有穿軍裝的，當然也有不過十五六歲的天才少年，其中最厲害的是一個才讀初二的學生，因為在全國數學競賽中獲獎，被北大破格錄取。

在數學中孤獨地求索多年之後，張益唐終於能與全國的數學精英共聚一堂，彼此惺惺相惜。在後來坎坷的日子裏，張益唐說那是他一生中少有的快樂回憶。

等待新星升起

張益唐在北京大學度過了 7 年時光,在北大教室上課,在未名湖畔跑步。

20 世紀 80 年代初,在北大數學系唸書的人大都聽說過張益唐的大名:是個高才生,深受時任北大校長、數學家丁石孫的賞識。同學王小東回憶說,因為數學方面的天賦,張益唐是北大的風雲人物,"崇拜他的姑娘從學校南門排到了北門"。

但張益唐說,沒有這麼誇張,"在北大,我也不是考得最好的,別人都考100 分,我不過 80 多分,這種情況也有"。他只肯承認自己相比其他同學更為專注,"除了睡覺,我總是在思考數學問題"。

後來他說,自己的反應靈敏度只是中等水平,如果去參加中學奧林匹克數學競賽,可能得不到很好的成績,但有一點"可能是我最大的特長,對於一個問題,我可以成年累月地思考"。

張益唐攻讀碩士學位階段師承潘承彪教授,潘教授是國內解析數論的領軍人物之一。解析數論以純粹的數學研究而著名,也就是說,它不在意研究是否有實用價值,而是執着追尋數字裏蘊藏的真理之美。張益唐說,他喜歡這種感覺。

普林斯頓高等研究院研究員、2014 年沃爾夫數學獎得主彼得・薩奈克後來在北京遇見過潘教授,那已經是張益唐畢業多年之後。潘教授動情地說,張益唐是北大優秀的學生之一,他有着與之匹配的雄心,看上的都是大問題。

至於甚麼才稱得上大問題,這既是一個專業標準的問題,也是人生的指引。

剛剛進入北大的那一年，張益唐讀到一篇文章，他說："有一個菲爾茲獎得主是比利時的德利涅，他是做代數幾何的，後來他把代數幾何用到數論裏面去，解決了'韋伊猜想'，看得我簡直不想睡覺了，激動得不得了。""韋伊猜想"是"黎曼猜想"在代數幾何上的組成部分，和"孿生素數猜想"一樣，都是困擾了整個 20 世紀數學界的謎題。

在北大，張益唐很快取得了碩士學位。出於天生的謙遜，他的回憶有些輕描淡寫："潘老師覺得那只不過是個碩士學位，他讓我儘快拿到，所以我也就很快搞到手了，也就幾個月吧。"

張益唐在數學方面的天賦毋庸置疑，很快，他在潘教授的指導下寫出了生平第一篇論文。但他沒有自滿，反而生出警惕。他說："現在想起來，我連看都不想看了，那時我就有一種感覺，怎麼路越走越狹窄了，你不能只有這一套。這時你需要有點兒勇氣，看膽子大不大，敢不敢否定自己走過的路，要自問我們這領域能不能和新的東西結合，要不斷地問自己，天天問自己。"

他迫切想要出國看一看全世界數學界最新的研究。出國深造的選擇擺在了面前，那時他是數學新星，校長丁石孫親自安排了他的留學，為他選擇了導師——美國普渡大學莫宗堅教授。莫教授是代數幾何方面的專家，相比數論，代數幾何的實用價值更大，雖然張益唐更向往純粹的數論領域，但師長們認為一個數學天才不應只是沉迷於"虛空"，還要服務於時代的偉大進程。20 多歲的張益唐聽從了安排，當時他想的是拿到博士學位就回北大當老師，然後做自己的研究。他喜歡當老師，拿到碩士學位後，他在北大當過一段時間助教，教師弟師妹微積分。

於是，1985 年 6 月 21 日，躊躇滿志的年輕人輕裝簡行，只提着一個箱子、揹着一個挎包就離開北京，前往美國留學。所有人都以為會看到一顆數學新星冉冉升起，他將年少成名，譽滿歸國。但慢慢地，一年年過去了，以異鄉為故鄉的北大畢業生張益唐逐漸消失在人們的視野裏。

困頓時光

"在美國讀博士，因為一些個人的原因，把我弄得很'慘'，當然網上有一些不是事實，但我也承認是把我弄得很'慘'。"

熟悉張益唐的人都知道，他除了面對數學能夠侃侃而談，對於別的一切，他總是表露出不值一提的神情，即使那是一段青春蹉跎入中年的漫長歲月。

其實，一開始並不是這樣的。

普渡大學是美國傳統名校，培養出 13 位諾貝爾獎得主，中國的"兩彈元勛"鄧稼先、火箭專家梁思禮都畢業於此。張益唐初到學校報到時，校園裏最高的樓就是數學系的。第一個學期，他和導師莫宗堅每天見面一次，研讀莫教授關於"雅各比猜想"的論文，有時討論會一直持續到黃昏。

"雅各比猜想"是代數幾何裏的經典難題，也是莫宗堅教授的研究領域，以此作為起點，大概也是導師和學生互相熟悉的方式。接下來的兩個學期，他們與另外 4 個學生研讀日本數學家廣中平佑關於奇點的艱深論文。莫教授後來說，他相信己方 6 個人讓世界上研讀它的人整整翻了一番。

廣中平佑因對奇點的研究獲得了菲爾茲獎。作為專門獎勵 40 歲以下青年學者的頂級數學獎，只有 4 個東方人獲得過這一殊榮，但一直沒有來自中國大陸的學者。20 多年後，張益唐說：「菲爾茲獎對我來說是個心病。」

準備博士學位論文時，張益唐選擇以「雅各比猜想」為題。一開始莫宗堅教授感到驚訝，對博士生來說，這個題目太難了，後來他說在這個年輕人的眼睛裏看見了雄心：「透過他的眼睛，我看見了一個躁動的靈魂、一顆燃燒的心。我明白如果他是探險家，他就會去世界的盡頭；如果他是登山客，他就要登上珠穆朗瑪峯，風雨雷電都無法阻止他。」

後來的 7 年裏，師徒間見面越來越少，張益唐獨自做着研究，畢竟對數學家來說，一支筆，可能再加上一塊黑板，就足夠了。進展似乎一切順利，「雅各比猜想」即將被證明的消息越傳越廣。直到有一天，連一位化學系的教授都好奇地問莫宗堅教授，聽說你們系的一個中國學生做出了了不得的證明？

「益唐在博士學位論文裏稱他證明了『雅各比猜想』，他應該因此被授予菲爾茲獎。」

博士學位論文答辯時，答辯委員會一致認同那是一篇合格的論文，但審核的結果是張益唐錯了，錯誤在於他用來引證的一項定理（來自莫宗堅教授）被證明是錯誤的，這讓他的整個證明成了空中樓閣。

1992 年，張益唐拿到了博士學位，「同時也失業了」。

他沒有拿到莫宗堅教授的推薦信，莫教授也沒有提出過幫助。畢業後，張益唐準備離開普渡大學，他得到了羅格斯大學的面試機會，他要去見解析數論大家伊萬涅茨，其中潛在的意思是他決定回到自己心愛的數論領域。對此，莫宗堅教授祝他好運。

但彼時好運並未降臨，與伊萬涅茨教授的會面沒有任何結果。一直要等到21 年後，伊萬涅茨教授才會重新認識這個當時的年輕人 —— 2013 年《數學年刊》邀請伊萬涅茨教授擔當張益唐論文的審稿人，他將成為後者做出的劃時代證明的見證者。而那一年，張益唐已經 58 歲。

如果人生也分四季的話，那麼離開普渡大學後，張益唐的人生便進入了嚴冬。他的博士學位論文成了年少氣盛時一個並不美好的錯誤，當然也就無從發表，既沒有導師的推薦信也沒有代表作，這樣的數學博士在美國寸步難行。

張益唐一直沒能找到教職，有時住在肯塔基州，有時住在紐約，都是借宿，居無定所，有時睡在朋友家的沙發上，有時甚至住在車裏。慢慢地，人們說他消失了，隱居了。

"他選擇了孤獨。"他的朋友後來評價道。

在紐約，朋友介紹張益唐和後來成為他妻子的孫雅玲認識，後者對他的第一印象可不好："我一看土土的，戴着大黑框眼鏡，我就說'醜死了'。"介紹人開玩笑說："別看這樣，這是北大才子，學歷方面的高智商，生活方面的零指數。"後來，孫雅玲第一次到張益唐家才算被震驚了，空空蕩蕩的房間裏沒有桌椅，睡覺就在沙發墊子上，"我當時想，這北大博士怎麼混成這樣"。

兩個人唯一的共同愛好是喝酒。啤酒、紅酒、白酒，啥都行，一瓶又一瓶，坐下來就能喝。孫雅玲生在東北，性格豪爽，喝酒也是箇中好手，而張益唐酒量一般，酒品倒是好，不會勸酒，就是悶頭喝。喝高了，不愛說話的北大博士話也就多起來，天文地理、歷史人文、詩情物理，當然還有他最愛的數學，說起來滔滔不絕。在人生的逆境中，那才是一個北大才子深藏的鋒芒。

1992—1999 年，數學博士張益唐在賽百味快餐店裏做會計，忙的時候也幫忙收銀。張益唐說："後來我再回想，那時候是甚麼支撐我呢？不是說我的意志多堅強，而是我對很多東西看得比較淡，我對物質、對錢沒有看得那麼重。按一般人來講，我是過得很慘，但我覺得這不是很好嗎？我也有時間。讀博士的時候，雖然我放棄了解析數論，但我一直關注，我覺得還是可以做。雖然我連工作都沒有，但我還是可以回到解析數論裏去。"

按照張益唐朋友的說法，以他的數學能力，可以在 IT（信息技術）、金融行業賺很多錢。他確實有過這個機會。1999 年年初，北大的一位師弟找到張益唐，請他幫忙解決一個網絡設計中極難的純數學問題，張益唐用一週就解了出來，後來那還成為一項專利。但類似的事情，張益唐再未涉足。

於是，在蹉跎的中年歲月，張益唐還是沒有離開數學。他擁有這樣的天賦，賺錢只是求知的手段，所以錢剛剛夠用就好。只要他願意，大腦隨時隨地可以關掉向外的觸角，深潛進數學的世界。

在人生的逆境中，數學既是依靠又是夢想，既是逃離現實的手段又是最終的目的，裏面沒有陰謀傾軋，只有邏輯和美。

1999 年年初，朋友幫張益唐在新罕布什爾大學謀得了一份教職 —— 編外講師，只負責上課，大概算是教師裏的"廉價勞動力"。但對張益唐來說，這是少有的回到大學的機會。接到電話，他立馬就辭了職，飛去面試。在新罕布什爾大學，講師張益唐是一個沉默又有些特立獨行的人。他常常一個人在教學樓裏踱步，既像是在思考又像是在神遊，同事們形容他時提及最多的是"靦腆不愛說話，總是最後一個離開辦公室"。

學生倒是喜歡他，在一份教學質量反饋報告上，有學生不吝對他的讚美："Tom（張益唐的英文名）是最棒的！他是最好的老師！他總是把微積分講得深入淺出，他還很幽默，所有學生都愛他！"唯一的建議是："Tom 應該少抽些菸，那對他的健康不利。"

就是這樣，不善言辭的張益唐只有面對數學才能侃侃而談，他的幽默、他的魅力都來自數學。

還有一座高峯

2010 年左右，張益唐決定將"孿生素數猜想"作為研究方向。他閱讀了邦別里、戈德斯通等教授的論文，知道數論大家們已經取得一些成果，但他認為他們的方法有太多限制、不夠靈活，他想自己大概可以再試試。

這就是研究數論的優勢，數學世界裏很多歷史悠久的未決難題都能歸到解析數論裏面，不用發愁沒問題可解，發愁的只是你不知道怎麼做。

當時張益唐不知道戈德斯通教授悲觀的結論，他說："後來我想要是我知道了，我會不會也悲觀了。但我是孤獨一個人，幾乎在同時，我突然變得樂觀起來，我發現了中間有一些關鍵的步驟，可以用另一種方式去接近，於是我就一個人在那做，嚴格來講，我做了三年。"

張益唐沉浸在自己的世界裏，很少與朋友交流，社交在他看來有些浪費時間。不過，朋友齊雅格說，每年自己生日時，張益唐都會打電話過來問候："祝你生日快樂啊，好了，我是張益唐。"電話掛了，他立刻又回到數學世界裏。

後來，有記者問張益唐："數學家需要天賦嗎？"

"需要的是專注。"他回答說，"而且，你永遠不能放棄自己的個性。"

2012年7月3日，靈感最終到來的那天，如今已經成為一個傳奇。

暑假，朋友用好酒吸引他去給自己的孩子補習微積分。朋友家附近的樹林裏常常有鹿經過。早上，張益唐原本是去看鹿的，沒見着鹿，另一個世界卻忽然出現了。後來在《紐約客》的採訪中，他回憶了那個瞬間："我看見了數字、方程一類的東西，雖然很難說清那到底是甚麼。也可能是幻覺。我知道還有很多細節有待填補，但我應該做出證明。想到這兒，我就回屋了。"

《素數間的有界距離》轟動了數學界，審稿人伊萬涅茨評價張益唐的論文："水晶般的透明。"

成名之後，一切都改變了。張益唐不再是無人問津的講師，他受邀加盟了加利福尼亞大學聖塔芭芭拉分校，成為數學系終身教授。論文發表後的第二年，瑞典公主親自頒發羅夫·肖克獎中的數學獎項給張益唐。同時出席的數學家都留出了時間在瑞典旅行，張益唐卻沒這概念，第二天就飛回美國上課去了。回到美國，他又被授予了麥克阿瑟天才獎。張益唐對妻子說："我們結婚的時候，我說要給你許多，但我當時給不了，現在，你說說你想要甚麼？"

他成了數學界的英雄，從默默無聞到一鳴驚人，又讓他活成了大眾喜聞樂見的傳奇。但就像人們驚訝於他的天賦一樣，人們也驚訝於他對外在的冷靜態度。

相比於出席晚宴、接受掌聲，張益唐還是更喜歡一個人坐在辦公室裏與數學為伴。妻子孫雅玲說，他們住在海邊，但 4 年的時間裏張益唐只去沙灘看過一次海。他每天想着的就是去學校，理由是學校的網比家裏的快，方便他做研究。採訪他的記者們也紛紛體會到一種無力感，他少言寡語，甚至說自己可以一邊接受採訪一邊思考數學問題。

是的，還是數學，就像張益唐所說，在數論的世界裏，永遠不必煩惱無事可做。外界還在驚歎於他過去創造的榮耀，他已經無心於此。

"我還有新的東西可以做，我相信我還能做出新的東西來。"

數學家哈代曾經說，他從不知道有哪個數學上的重大突破是由一個超過 50 歲的人提出來的。2020 年，張益唐已經 65 歲，最新的目標是"朗道-西格爾零點猜想"，這是通往"黎曼猜想"的重要一步。他可不會因為哈代的一句話就動搖，他說："這些話可以聽聽，我雖然知道，但我沒放在心上。"

功成名就之後，張益唐再次將全部精力投入新的數學高峯。孫雅玲說，老伴去了學校研究數學，在家裏還是思考數學，有時候自言自語，炒菜的時候，洗澡的時候，下樓梯的時候，老是唸叨："零點，零點，零點……"她就知道他又入迷了。

張益唐回國的次數變多了，他回到北大給本科生上暑期課。他喜歡和這些青年人待在一起，他們充滿了求知慾的聰明頭腦就和他當年一樣，對數學滿是憧憬。面對他們，那個沉默寡言的張益唐不見了，反而充滿了訴說的慾望，他想把自己知道的都告訴他們。

"最終要判斷一個人在數學領域能不能做出成就的標準是思想的深度。"

張益唐說，"如果是立志於做數學，那你在學習過程中覺得比別人慢也千萬不要自卑，最後能不能成功是有很多原因的。"

"保持一種新鮮感，一種不滿足，有時候膽子要大一點兒。對前人的成績，不管是不是權威，你要想他也是有局限性的，他做的也不是最好的。因為我有這種感覺，所以我能往下做。"

"數學並不是一個簡單的過程：定理一，證明；定理二，證明。數學當然要證明，但數學不完全是這樣，如果只是這麼一個過程，我就會覺得很煩。"

當然，張益唐也提到了自己的艱難歲月："你們可以避免走我走過的彎路。"

最後在問答環節，年輕的學生們又把興趣投到了這位傳奇數學家身上。一個學生問他，如果當時一直在國內，還能取得這樣的成就嗎？張益唐想了想，給出了答案："我的個性比較獨特，如果在國內，可能干擾會多一些。但我相信我也能做下去。"

2014 年，張益唐受邀給北大畢業生做了一次演講。他以平淡的口吻告訴大家："我經常覺得自己做的程度很差 —— 這是真的，但我並不失落，只是實實在在地去做。中間經歷了很多挫折，每次我都堅持下來。如果別人問我有甚麼成功的祕訣，我只能說句大實話：我就這麼實實在在地去做，而且堅持着。我過去是這樣，將來也會是這樣。"

（文 / 張瑞）

科學精神內核

探索科學的最高目的是甚麼？是藉此過上世俗人眼中的體面生活，還是為了追尋純粹的真理？

張益唐堅決果斷地選擇了後者。經歷了"文革"的動盪之後，他考入了北京大學數學系，並成為老師和同學眼中的天才。在美國獲得數學博士學位之後，他卻過上了顛沛流離的生活：在快餐店打工，睡在朋友家的沙發上，有時甚至就住在車裏。

張益唐並非沒有選擇，憑藉數學天賦，他原本可以在美國金融界獲得高薪職位，也可以選擇妥協，研究簡單問題，發表論文，以此獲取大學的教職。但是，張益唐考慮的全都是"大問題"，他的抱負在於解決那些困擾了人類數百年的數學難題。在外人看來，他的生活艱苦，但對張益唐來說，簡單的生活為他思考數學提供了簡單又純粹的環境。

科學真理沒有辜負他的執着。在 58 歲這年，他在權威學術刊物上發表了重磅論文——《素數間的有界距離》，將人類解決"孿生素數猜想"的努力推進了一大步，一舉成為數學界的明星人物。在巨大的名利面前，張益唐再次遠離喧鬧，回到書房，研究數學的另一個高峯——"朗道-西格爾零點猜想"。

4

王貽芳

尋 找 最 後 的 祕 密

　　王貽芳，粒子物理學家，中國科學院院士，中國科學院高能物理研究所所長，1963 年 2 月生於南京，2015 年 11 月獲得 "基礎物理學突破獎"，是首位獲得該獎的中國科學家。他主導的大亞灣反應堆中微子實驗，首次發現了中微子的第三種振盪模式，被視為新中國成立以來最重大的實驗物理成就，並被《科學》雜誌選為 2012 年十大科學突破之一，獲得 2016 年度國家自然科學獎一等獎。

勤勉

DILIGENCE

愛國

PATRIOTISM

堅定

INVINCIBILITY

專注

CONCENTRATION

深圳排牙山上

王貽芳和中微子的故事，應該從深圳東部一個叫排牙山的地方說起。

2003 年秋，王貽芳第一次登上了這座掩映在蔥蘢樹木中的山崗，越過嶙峋的花崗巖山體，能夠望見大亞灣核電站，在那亮黃和灰色的巨大建築裏，總功率世界第二的核反應堆正靜靜運轉着，並釋放出海量的高能粒子。

排牙山的地勢得天獨厚，若在此建造地下實驗室，憑藉花崗巖山體的覆蓋便能屏蔽絕大部分宇宙射線的干擾，以研究一種神祕的粒子 —— 中微子。

時間撥回到 20 世紀 30 年代，那時物理學飛速發展，微觀世界的大門被推開了一道縫隙，科學家們急切地窺其堂奧。美籍奧地利物理學家沃爾夫岡·泡利在研究核衰變時針對能量虧損現象提出了一個猜想：有一種不可探測的中性粒子帶走了能量。這種未知粒子質量輕、飛得快、不帶電又特別"害羞"，幾乎不與其他物質交流，因此能逃脫探測，把丟失的能量帶走，像黑衣賊消失在黑夜中，又像幽靈，每秒有數億個這樣的幽靈穿越我們的身體，而不和其他物質相互作用。這便是中微子。

後來，泡利寫信給朋友，說他犯了一個物理學家能犯的最大錯誤：預言了一種"永遠找不到"的粒子。在此後幾十年的物理學研究裏，中微子素有"幽靈粒子"之稱。

如今我們知道，在 12 種構成物質世界的基本粒子（見圖 4-1）中，中微子有 3 種：電子中微子、繆中微子和陶中微子。它們的脾氣非常古怪，可以在飛行中從一種類型轉變成另一種類型。物理學家把這種奇怪的現象稱作"中微子振盪"，3 種中微子兩兩成對，也就存在 3 種振盪模式（見圖 4-2）。

中微子研究在基礎物理學中的重要性，再怎麼強調都不過分：1998 年發現的大氣中微子振盪模式和 2001 年發現的太陽中微子振盪模式，均在 2015 年獲得了諾貝爾物理學獎。

到了王貽芳站在排牙山上的 2003 年，物理學界越發看好中微子的研究前景，美、日、法、韓、俄等 7 個國家相繼提出 8 個測量"中微子第三種振盪模式"的方案。當時中國的基礎物理學研究與國際水平相比仍差距不小，但王貽芳很有把握。一方面，他在國外研究的正是反應堆中微子實驗，對設計和技術上的關鍵點非常清楚。他說："實際上，那時國際上真正懂反應堆中微子實驗的人不是特別多，很多前輩都離開去做別的實驗了，我大概是留下來的人中最懂的。"另一方面，跟大型加速器實驗相比，反應堆中微子實驗需要的技術積累較少，適合在我國國內開展。

當時還在美國費米國家加速器實驗室做加速器中微子實驗的曹俊突然接

中微子質量極其微小，不帶電

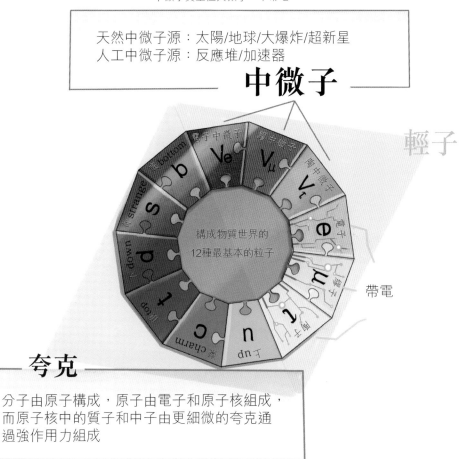

天然中微子源：太陽/地球/大爆炸/超新星
人工中微子源：反應堆/加速器

中微子

輕子

帶電

夸克

分子由原子構成，原子由電子和原子核組成，
而原子核中的質子和中子由更細微的夸克通
過強作用力組成

構成物質世界的
12種最基本的粒子

圖 4-1　構成物質世界的 12 種最基本的粒子

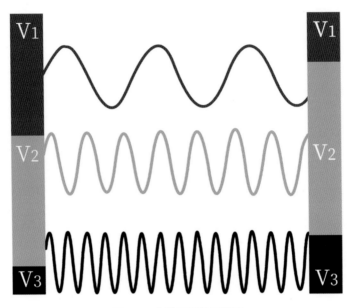

圖 4-2　中微子振盪示意圖

到了王貽芳打來的電話，王貽芳告訴他國內打算上馬中微子實驗，並問他：探測器做成方形的好，還是圓柱形的好？曹俊用兩週時間做了模擬計算，認為圓柱形的最佳。王貽芳建議他趕快回國。之後，兩人拿出自己的人才基金，加上中國科學院高能物理研究所特批的 100 萬元，開始了實驗設計和地點勘測。那時，國內真正有中微子實驗經驗的人只有王貽芳一個。從軟件轉做中心探測器（硬件）負責人的曹俊也正處在做科學研究最好的年紀，他在美國讀了 5 年博士後，精力充沛，為一切未知的挑戰而感到興奮。倆人連軸轉地工作，兩個月就有了基本概念設計。

然而，這只是萬里長征第一步，開始推動實驗後，遇到的困難遠比預想的多。

科學狂人

在粒子物理實驗中，不存在"現成實驗室"的概念，設備都必須自己設計和建造。王貽芳需要的 8 台探測器，每台重達百噸，怎麼造是個大問題。

作為國內科研團隊發起的第一個中微子實驗，王貽芳必須向世界證明中國能夠掌握核心技術。具體標誌則是重要零部件的生產必須由國內企業完成，因此他堅持要在國內生產一個關鍵物質 —— 液體閃爍體。

液體閃爍體（簡稱"液閃"）是探測中微子的關鍵物質，當探測器捕捉到來自核反應堆的中微子時，液閃就會發出微弱的閃光，儀器將放大並記錄這些閃光。要保證液閃長期透明，技術要求很高，法國的一個實驗就曾在進行到 100 天時因液閃渾濁而被迫終止。王貽芳讓實驗組與化學家合作，經過兩年摸索，進行了無數次試驗，做出了世界上最好的液閃。

對於粒子物理實驗項目，沒有國際合作也是不可想像的。但當時美國合作方希望用自己的設計方案，王貽芳則堅信經過不斷優化的中國方案是最好的，靈敏度至少比對方高 20%。

2005 年年初，中美雙方在香港中文大學開了一次"攤牌會"，分歧擺上檯面。王貽芳跟對方的論辯持續了四五個小時：為甚麼是 8 台探測器，為甚麼每個模塊 20 噸體量，每台探測器建在核電站附近的甚麼位置，近點建幾台、遠點建幾台，本底是多少，精度是多少……針對每個問題，王貽芳都給出了經曹俊計算後的結論。美方則先後提出了六七個方案，4 台探測器行不行，每個模塊 30 噸行不行，等等，都被王貽芳一一駁回。最後美方搬出了自己在國際上的聲望和資歷，試圖壓制王貽芳，而王貽芳強硬地堅持科學正確才是唯一標準，直到不歡而散，原本安排好的晚宴也取消了。當時在場的中方研究員楊長根和曹俊多年後仍記得那種緊張氣氛。"他在科學論辯上反應很快，英文也好，只有他能用英文'吵架'。"後來的項目總工程師莊紅林說。

"政治問題當然有，大家都希望用自己的方案，"回憶起當時的爭執，王貽芳說，"但合作的基礎是科學，在科學層面，我比他好，讓我放棄就絕不可能。""他說話是很直的，特別是科學上的事情，不會拐彎抹角，對就是對的，也絕對不會說一些迎合別人的話。他始終保持了這一點。"王貽芳的大學同學、高能物理研究所實驗物理中心副主任沈肖雁說。

在談判過程中，王貽芳承受着巨大的壓力。如果鬆口用了美方提出的方案，國際合作就成了，項目也就成了。很多人勸他：算了，就用美國的方案吧。但王貽芳想來想去，這個實驗將是中國第一個有重大國際影響和科學意義的中微子實驗，不能為了促成項目而放棄最基本的原則、最好的科學方案，而且如果用了美國的方案，即便項目做成了，也會被世人認為中國沒有核心技術，那樣的成功，他寧願不要。

這一僵持，時間就過去了大半年。

王貽芳並不意氣用事，而是不停歇地完善實驗設計，把概念圖變成工程圖，同時各處奔走尋求經費支持。最終，科學技術部、中科院、國家自然科學基金委員會、中國廣核集團有限公司以及地方政府共同出資 1.57 億元。在當時，這無異於天文數字。

中方掌握主動權後，美方選擇了妥協，重新組織隊伍，美國能源部放棄本國的兩個中微子實驗方案，出資 3 400 萬美元、投入造價 8 000 萬元人民幣的設備，轉而支持大亞灣項目，它是當時中美在基礎科學研究領域最大的合作項目。

2007 年 10 月，排牙山一聲爆破，290 多名世界各國及地區的研究人員紛紛加入。中國項目終於跟韓國和法國的同類項目站在同一起跑線上，這也意味着王貽芳的壓力更大了，如果項目不幸失敗，或成果晚於同行，他都要擔起責任。

但那時，王貽芳還顧不上這些，因為有太多具體的事情一件件壓過來。

首先還是經費。在項目啓動之初的幾年裏，科研人員只能坐 4 個小時的公交車往返於深圳機場和核電站，換乘三次，不允許坐出租車。王貽芳自己也是如此。"他幹甚麼事先算賬，如果允許現場人員都從機場打車去核電站，要多花 400 萬元。"同事曹俊覺得王貽芳是最懂算賬的物理學家。他記得，當美國同行提醒他，坐出租車到核電站雖然貴，但"節省很多時間"時，總是坐公交車的曹俊一時間不知道該怎麼解釋。

小處要省，大處更不能馬虎。大亞灣實驗的總經費遠低於國際同等規模的實驗。王貽芳親自參與企業招標，盡力把探測器的製造成本壓到最低，要求物理學家和工程師一起進工廠，確保生產質量。

項目建設時，土建進度最難控制。開山爆破，傳到核島的振動的加速度必須小於 0.01 g，相當於在檢測儀 1 米外抬腳自然落地的振動水平。工程組始終把振動的加速度控制在 0.007 g 以內，繡花般地完成了近 3 000 次爆破。排牙山通道基礎條件不好，有時挖着挖着突然塌方，只能等落石穩定後再加固隧道繼續挖。

每個月，王貽芳都要和土建部門開會，幾乎成了隧道專家，工序、技術如何，"貓膩"在哪兒，他都一清二楚。項目總工程師莊紅林記得，施工現場的工人兄弟們常說"最怕、最服"的科學家就是王貽芳。實驗工程副經理、時任高能物理研究所粒子天體物理中心副主任楊長根覺得，王貽芳簡直是個"科學狂人"。

在一定意義上，王貽芳非如此不可，因為項目的所有步驟都在與國際同行賽跑。大亞灣實驗在土建動工前就已落後於另外兩個競爭實驗，甚至當時法國已有現成的隧道和遠點探測廳。但王貽芳心裏有底，大亞灣實驗的規模相當於法國的 20 倍、韓國的 5 倍，取數半年將超過對方 3 年。為了搶時間，他改變了既定程序，每個實驗廳在裝修階段就同步安裝設備（見圖 4-3）。2011 年聖誕節，實驗組完成前 6 台探測器的安裝後就立刻開始取數（當時韓國的實驗已經取數 4 個月），取數 5 天就發現了中微子振盪現象。

在數據分析的衝刺階段，王貽芳隨時組織討論，溫良劍、王志民等研究員常常連續工作 15 個小時以上，凌晨兩三點仍然在網絡工作台上。"王貽芳在戰略上有獨到的地方，"時任高能物理研究所副所長陳剛記得，"他要求我們搭建最優質的數據傳輸系統，大亞灣的數據必須高效地先到高能物理研究所，

圖 4-3　2011 年 10 月，王貽芳在大亞灣中微子實驗站察看設備安裝情況（王貽芳 供圖）

再高效穩定地傳輸到美國，確保佔有主動權。”

2012 年 3 月 8 日是一個載入中國物理學歷史的日子。在中科院高能物理研究所的報告大廳，王貽芳宣佈：大亞灣反應堆中微子實驗首次發現了中微子的第三種振盪模式，其振盪概率 $\sin^2 2\theta_{13}$ 值為 9.2%，誤差為 1.7%。大廳裏隨即掌聲雷動。

在前兩種中微子振盪參數 θ_{23}、θ_{12} 已知後（2015 年諾貝爾物理學獎所授予的實驗成果），精確探測到第三種振盪參數 θ_{13} 對人類理解宇宙起源及"反物質消失之謎"有重要的意義。

消息宣佈後不久，世界高能物理學界也為之沸騰，歐洲核子研究組織、美國費米實驗室等世界頂級實驗室紛紛發來祝賀，甚至有人認為"這是一個諾貝爾獎級別的發現"。2012 年年底，《科學》雜誌將中微子的第三種振盪模式列入了 2012 年十大科學突破之一。

天方夜譚

1963 年 2 月，王貽芳生於南京。南京城西有座幽靜深沉的清涼山，100 多米高的橢圓山崗蜿蜒伸展，王貽芳的家就在山下，後來搬到小山東面的漢中門附近。

王貽芳小時候正值"文革"，父母自顧不暇，顧不上管教他，對他的學業也很少提出要求，因此他有大把時間玩耍。王貽芳記得，那時他們經常到工廠、農村學工學農，一去就是一個月，"不用上學、做作業，到外面過集體生活，對孩子來說還是挺好玩的"。學生們心裏也清楚，中學畢了業就得下鄉，學業出色並沒有甚麼用處。對科學的尊重更是談不上，就連物理課，也被改名叫做工業基礎知識、農業基礎知識。沒有人講科學。

父親問王貽芳："你將來想幹啥？"他答："我不知道。"

父親是中醫，也就問他："你要不要學中醫？要不要背中醫口訣？"王貽芳研究了一天藥理藥性，但背不下來，不感興趣。在那個物資貧乏的年代，學生們很難發展個人愛好，就連書籍都極為珍貴，偶爾有一本，會在很多人手裏輾轉傳閱。

直到王貽芳讀初三那年，事情才有了轉機 —— 全國恢復了高考。

"世界變了，完全不一樣了，要往另一個方向努力了。原來上學是完全沒有方向感的，誰知道將來畢業去哪兒，你努力也沒有用。"

王貽芳所在的南京第四中學在 1977 年恢復高考時，是南京成績最好的中學之一。這讓王貽芳感到興奮，他想："前面的人能考上很好的學校，我們也應該有機會。"學校裏開始分快慢班，老師非常盡責，週末給他們"吃點兒小灶"，壓力也陡然增加。王貽芳不僅成績出色，跟同學們相處得也非常融洽，經常在學業上幫助別人。

1980 年，王貽芳以出色的成績考入南京大學物理系，但他從未想過要成為科學家，專業全憑分配。"你當然可以有目標，在絕大部分的情況下，這個目標其實都是一個很小的目標，比如你可以看到未來三五年，但你不可能十幾歲的時候就看到未來幾十年，那是絕不可能的。"王貽芳說。

入學之後，王貽芳逐漸明白，中國跟世界隔絕太久，高校中完全沒有前沿的研究，課程也淺顯而基礎。那時，南京大學物理系 170 多位教師，真正有國際眼光和經驗的教授"大概不會超過 3 人"。學了物理，未來要做甚麼研究，沒有人知道。學生們只是朦朧地感覺到："西方比我們強很多，到底強在哪裏、怎麼強，不知道，只知道別人比我們強很多。"

那時候少數成績好的或者有海外關係的學生也會有出國留學的機會，但王貽芳說："我就是一個普通人，沒有特別的條件，也沒有想那麼多。"

看起來一切都很普通，但這並沒有妨礙王貽芳後來的發展。

"我認為不存在成為科學家的規律，每一個人的成長都是很多偶然因素造就的，每個人都有機會。"王貽芳說，"我不是一個非要怎樣不可的人，走到哪兒就沿着往前走，但是我走到一個地方不會東張西望地去找一個最好的選擇。到我這個年紀，同學、朋友裏比我聰明的人很多，但是聰明的人有甚麼問題？機會太多，任何時候都有新機會給他，他覺得甚麼都能得到，老是做選擇，走到一個地方東張西望，再走到一個地方再東張西望，最後不知道走到哪兒去了。"

在南京大學求學期間，常有一些著名科學家來校做報告，給王貽芳印象最深的是吳健雄教授，她建議南京大學物理系研究中微子，但那時這根本是天方夜譚。

古埃及奴隸

臨近畢業那年，王貽芳遇到了改變一生軌跡的機會。

1984 年，諾貝爾物理學獎獲得者丁肇中來到中國國內招收研究生。王貽芳覺得丁先生當時在國內是"神一般"的人物，雖然他被學校推薦參加考試，但面對全國眾多頂尖的競爭者，他沒有抱甚麼希望。

面試時，丁先生說話中氣十足，王貽芳覺得他看起來至少比實際年齡年輕20 歲。他問王貽芳：光波在海水裏面，是長波走得遠，還是短波走得遠？為甚麼杯子沒有波粒二象性？

問題雖然不深，但絕非習題式的照本宣科，需要靈活琢磨一番。王貽芳回答他：杯子也有波粒二象性，但波長非常短，所以粒子屬性體現得非常大，波長體現不出來。

王貽芳說："後來考上了有一點兒不可思議，超乎意料，覺得機會好像來得太容易了。"

不過，要跟隨丁先生到歐洲做高能物理研究也有風險，因為"未來回國恐怕找不到工作"，但是能進入丁先生的實驗室，一切都值了。

很快，21 歲的王貽芳飛往瑞士日內瓦，在那個風景秀麗的異國他鄉加入了 L3 實驗合作組，項目成員一共 400 多人，多個國家的數十個研究所、高校參與其中。

一開始沒有高年級學生帶，一切都靠自己摸索。王貽芳幾乎參加每一個組的討論會，有希格斯粒子尋找、有標準模型檢驗……到畢業時，高能物理實驗應該掌握的技術，從探測器的設計、製造到最後的調試刻度、軟件，再到數據分析，王貽芳全部都走過一遍。他說："我覺得這點很重要。我們有些年輕人只關心自己做的那點兒事，不關心別人的事，這樣知識面就會太窄，你的技術、能力可能就會受限。"

當時身處歐洲核子研究組織另一個實驗組的婁辛丑（現中科院高能物理研究所實驗物理中心學術組長）和王貽芳有過同樣的獨自摸索的經歷，他相信作為大型實驗領導者的能力就是在彼時的高壓條件下鍛造的。

艱苦自不用說，前兩年最令人頭痛的是語言障礙。王貽芳回憶道："大家討論問題的時候都喜歡用自己熟悉的、掌握得最好的語言。平時開會討論，他們可能會很客氣，你在那一坐，他就用英文，但到關鍵的時候、急了的時候，就說意大利文。你聽不懂，就不知道他們在幹甚麼，你就是個外人，人家再用英文給你解釋一下。這種情況多了以後，自己也覺得不好意思，你希望成為他們中間的一員，希望能夠在這裏面起作用，你就得會他們的語言。剛去的時候，語言確實是有障礙，且不說意大利文，英文也有障礙。人家說的東西，我也不是都懂，很多東西很專業，也不太懂，也要學。我大概比別人更努力一些，晚上或者休息的時候，看書、看各種資料，會議上沒有聽懂的，回去再看。沒甚麼別的辦法，既然來了，既然讓你做這個事，只能努力堅持把它做下去，然後慢慢就好了。真正能夠參與組裏的討論，是兩三年之後。"

那幾年，王貽芳一天至少工作 12 個小時，有時更久（見圖 4-4）。偶爾週末休息半天，他會去了解這個國家的文化，去博物館了解它的歷史，覺得很新鮮、很開心，他認為"這也是一種享受，我覺得學到了很多東西"，但短暫的休閒又會讓他覺得不舒服，有負罪感。

組內競爭也使他感受到巨大的壓力，不同的人在做同一個題目，進度慢的人的結果往往是徒勞無功。準備畢業論文時，王貽芳做了新粒子尋找的物理分析，在很短的時間內發表了 3 篇文章，還在組內認為不可能的情況下發現了陶輕子的極化。整個合作組 400 多人，他的第 3 篇文章是合作組的第 21 篇。後來成立了分析小組，他成為唯一的學生組長。

和丁肇中一起工作的那些年裏，王貽芳覺得自己的工作方式和對科學的判

圖 4-4　1985 年，王貽芳在意大利佛羅倫薩大學攻讀博士學位（王貽芳 供圖）

斷都深受影響。他說："科學的問題有大有小，丁先生關心的都是重大問題。所謂重大問題，就是一二十年以後大家還認為是問題的問題。他解決重大問題的思路和方法也有自己獨特的角度。"

丁肇中異常執着，實驗時，他要求王貽芳設計的設備"對於問題，要 over kill（趕盡殺絕）"，一般人認為設備達到一定靈敏度就足夠了，但丁肇中會說：不行，我要比別人好 10 倍。

"回想起來，當年他發現 J 粒子，就是因為他的探測器分辨率比一般的高了 10 倍。"後來，王貽芳在設計實驗方案時，經常會想：我的設備一定要比別人的好很多，而不是好一點兒，只比別人好一點兒是不夠的。

在丁肇中實驗組的第 11 年，王貽芳決定離開，因為在這樣大型的實驗裏，每個人的專業細分非常明確，沒有辦法整體把握實驗。組裏有一些跟了丁肇中 30 年的美國人，王貽芳覺得如果繼續待下去，會跟他們一樣局限在一個領域當中。

那時，反應堆中微子實驗的鼻祖費利克斯·勃姆（Felix Boehm）發起了 Palo Verde 反應堆中微子實驗——為了尋找當時尚未被發現的中微子振盪，於是王貽芳選擇加入（如圖 4-5）。

實驗的核電站在美國鳳凰城附近的沙漠裏，周圍沒有旅館，王貽芳和另外兩個研究員就住在一個租來的集裝箱改裝的房子裏。實驗很小，所有事都得自己做，甚至要徒手在地下實驗室將裝滿探測器液體的 200 千克重的大桶搬來搬去。王貽芳開玩笑說他們幾個人就像古埃及的奴隸。他甚至自己設計了電路板，還親手焊出上百塊，裝到探測器上。但他也因此掌握了中微子實驗所有相關的設計和技術細節。

2001 年，王貽芳 38 歲，他終於下定決心回國，進入中國科學院高能物理研究所工作。在他看來，國外的環境過於安逸，對人是有害的，而且"在美國，像我這樣的研究人員，多一個不多，少一個不少"。但在自己的國家，不是這樣。

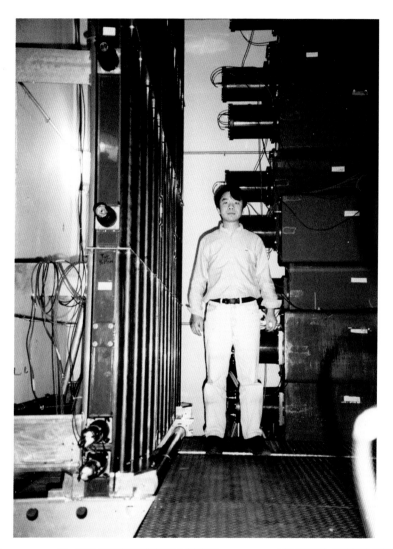

圖 4-5　1996 年，王貽芳在美國斯坦福大學開展 Palo Verde 中微子實驗（王貽芳 供圖）

更大的雄心

2012 年對基礎物理研究來說是不同凡響的一年：王貽芳主導的大亞灣實驗發現了第三種中微子振盪模式，而歐洲核子研究組織宣佈探測到希格斯粒子。

從牛頓經典力學、愛因斯坦的相對論、量子物理到今天的粒子物理標準模型理論，從我們肉眼可見的世界到原子，再到原子核，進而到更深層次的 12 種基本粒子，物理學對物質構成的研究不斷深入更微觀的世界。2012 年，希格斯粒子被發現，粒子物理標準模型的最後一塊拼圖被補上了（如圖 4-6）。接下來呢？物理學的未來在哪裏？

王貽芳的回答是"用標準模型來描述這個世界已經走到盡頭"。他解釋說：我們現在對物質世界的理解體現在現有的標準模型上，雖然看到了它所預言的所有粒子，但是整個模型還有很多缺陷，而這些缺陷在現有的標準模型裏通過簡單的修改是無法彌補的。

當下公認可以突破標準模型的實驗，一種是中微子，王貽芳在大亞灣核電站做出了突破性貢獻，升級版的江門中微子實驗也已在他的主導下上馬動工（如圖 4-7）；另一種是建造希格斯粒子工廠。中微子和希格斯粒子，"這兩個窗口一開，最激動人心的事情將會發生"，婁辛丑說。

王貽芳相信，突破標準模型後，有更深一層的理論存在，將通向"新物理"。它到底是甚麼，還是謎團，只能通過更高能量的加速器去研究解決方案，因為更高能量的粒子撞擊意味着能觀察到更豐富的現象。

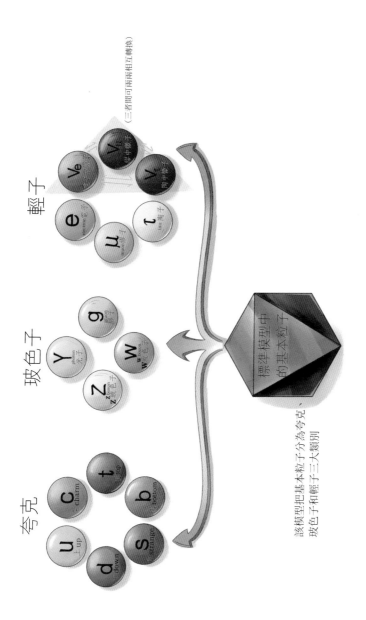

圖 4-6　標準模型中的基本粒子

圖 4-7　2018 年，王貽芳在江門中微子實驗地下實驗大廳（王貽芳 供圖）

　　也是在 2012 年，大亞灣中微子實驗發佈成果半年後，在美國費米實驗室舉行的國際會議上，中國科學家第一次公佈了 CEPC–SppC 的方案構想，即在中國建造環形正負電子對撞機，再升級為超級質子－質子對撞機。CEPC 的目標就是捕捉一批希格斯粒子；後期工程 SppC 將超過歐洲核子研究組織的大型質子對撞機 LHC，是後者能量的 7 倍以上，成為世界上能量最大的超級質子－質子對撞機。如果項目能在國內落地，王貽芳相信未來世界的科學中心將是中國。

「他在考慮下一代人的實驗怎樣推動，這個手筆很大，而且抓住的都是最關鍵、核心的問題。」婁辛丑說。

自提出項目起，CEPC 的設計方案幾經調整。2015 年，王貽芳和預研團隊完成了初步概念設計報告。從僅僅是一兩句話描述的宏大構想到近 1 000 頁的設計方案，耗時三年。

2018 年 11 月 14 日下午，來自世界各地的 300 多位高能物理學家會聚在高能物理研究所，王貽芳身着利落的灰色西裝，鄭重地接受項目經理婁辛丑交給他的兩大本 CEPC《概念設計報告》，向全世界宣佈加速器、探測器和土建工程的基本設計已大體完成。

CEPC 的經費預算是 360 億元，相當於北京地鐵 30 公里的造價。王貽芳算過賬：10 年的建設週期，一年 36 億元，中國當下對基礎研究的經費投入佔研發投入的 5% 左右，遠低於國際上 15% 的比例，基礎科研經費每年有 1 000 億元左右的增長空間，按中國目前 GDP 的規模和未來的發展趨勢，CEPC 不用佔其他學科的研究經費就可以做成。

王貽芳原本期待 CEPC 從 2022 年開始建設，由於推進困難重重，又將預期調整到 2025 年。

2020 年 6 月 19 日，歐洲核子研究組織出台《歐洲粒子物理 2020 戰略》。在未來的 10 年甚至 20 年中，歐洲核子研究組織都是國際高能物理領域一股最重要的力量，王貽芳一直在設想歐洲人會制訂怎樣的規劃。然而《歐洲粒子物理 2020 戰略》與王貽芳 8 年前提出的 CEPC-SppC 的思路如出一轍。歐洲的戰略是 2028 年開始建設同類的加速器，王貽芳知道，留給中國的窗口期大概只有 8~10 年了，因為世界上不會建設兩個同類型的大型加速器。

如此大型的實驗項目，不啻一項國家任務，如果中國能走在他國的前面，在很大程度上可以引領國內基礎科學研究的方向。同時，基於加速器這種大型裝置的粒子物理研究牽涉非常廣的技術門類 —— 精密機械、微波電子、低溫超導等，無疑也將推進中國相關技術門類的突破，這也是大亞灣實驗的液閃技術和江門實驗的光電倍增管研發曾經實現的。

王貽芳常說：你伸手夠得着的事就別做了，你要把目標定在跳起來夠但還摸不着的高度，然後去攻關。

出任中科院高能物理研究所所長後，王貽芳常常提及困擾他的問題 —— 數學、物理教科書上極少有中國科學家的名字，中國的基礎科學研究的國際地位比較低。他常常面對這樣的問題：你這個基礎研究有甚麼用？如果他回答“沒有”，下一個問題是：能得諾貝爾獎嗎？如果回答還是否定的，下一個問題就是：既沒有實際用途又不能得諾貝爾獎，這個基礎研究有甚麼用？

他知道這種急功近利的思想實際上普遍存在，甚至是一些科學家的心理，雖然有時候他們不一定說出來。最純粹的科學家懷有最純粹的追求，就像當年發現電子的英國人約瑟夫·約翰·湯姆遜在敬酒時說：為甚麼用也沒有的電子乾杯。

王貽芳說：“我們中國就缺純粹的基礎科學研究。咱們可以永遠輸入國外的知識，輸入國外的科學，永遠不用自己做，那就是落後這個結果。中國有甚麼基礎科學成果？沒有。我們設想一下，30 年以後，中國的經濟如果成為世界第一，我們的科學，特別是基礎科學知識還依賴於從國外輸入、依賴國外的發現，這太難以想像了。」

8 年裏，因項目耗資巨大，王貽芳和 CEPC 也面對許多質疑的聲音。王貽芳卻因此越發執着，多年來，他把科研經費都投進了項目預研，甚至投入了個人獲得的未來科學大獎的獎金。30 年後 SppC 升級要用到的關鍵技術，如高溫超導，他也傾盡全力做研發攻關。

在新冠肺炎病毒蔓延全球、給人類歷史添上一道新創痕的 2020 年，57 歲的王貽芳已不在意個人得失。他說：「這個項目跟我個人其實沒甚麼關係了，這個項目在未來二三十年如果做起來，也是別人做，未來用也是別人用，不是我。」

20 年前，他回國主導的第一個項目是北京譜儀的升級改建。他常常念及上一輩物理學家在 20 世紀八九十年代推動了第一代北京正負電子對撞機的建設，他們大多皓首窮年也沒有看到這台儀器如今產出的豐碩成果，而他們的付出讓中國的高能物理在世界上佔有一席之地。王貽芳認為：「我們如果永遠滿足於一席之地，也太沒出息了。我們得往前走，不能老是『佔有一席之地』。『一席之地』才有多大？」

王貽芳說，他之所以極力推動，首先因為這是一個中國領先全球的機會，以前沒有過，未來也未必會有；其次是出於作為科學家的責任，他一直在考慮下一代高能物理實驗最有意義的方向和問題，即突破標準模型，發現更深層次的物理規律。「既然看清楚了，那就應該告訴大家，應該努力，這是我們的責任……不管怎樣，我們會問心無愧，做自己該做的事情。」

對於基礎科學研究，公眾常常因不理解目標和用途而質疑。在王貽芳看來，當一個國家的經濟發展起來後，就會發展藝術、音樂、文學、科學，"人們這時就會仰望天空，探索世界是怎麼回事、宇宙的根本構成是甚麼、我們為甚麼來、將來到甚麼地方去，這些探索讓我們永遠有動力追求未知"。

年輕時，王貽芳就有"拚命三郎"的綽號。多年來，他承受着常人難以忍受的工作強度，為了同時推進幾個大型項目殫精竭慮，又有了"科學狂人"的標籤。

看着王貽芳睡眠時間過少又不鍛煉身體，婁辛丑曾把他騙到健身房，結果王貽芳背着手就出去了。婁辛丑不知道他超常的意志和過於旺盛的精力是多年自我訓練的結果，還是天生的稟賦。

"他不會覺得辛苦，很好的科學家都有這個共同的特質，他覺得這樣工作很有意思。他不幹這個幹嗎呢？出去旅遊看風景？那還不如自己創造風景。"曹俊能懂得王貽芳的樂趣所在，那是科學家們共同體驗的科學研究的魅力：重要的事往往讓人覺得困難、時間投入太多，但科學家不會這麼想，只有這樣才會成為科學家。高能物理實驗每天要解決的是螺絲的問題、不鏽鋼的問題……但都和宇宙中最重要的問題相關。每次解決一個小問題，更往前一步，最終都是朝着終極目標去的。

在年少時，王貽芳自認為"最普通的人"，並沒有成為科學家的強烈衝動，但後來的經歷塑造了他，使他執着而堅韌。"這可能是一種本能，也可能是一種病態的對完美的追求，做這件事時，就天天在琢磨我怎麼把這個事做到最好。"他想告訴青年一代：找到感興趣的事情，去追求，即使環境不好，也可以自得其樂。只有自己有興趣了，才能克服困難，才會不顧一切，才會往前走。

（文／劉洋）

科學精神內核

　　勤勉、堅持是王貽芳個性的底色。

　　在王貽芳考入南京大學物理系時，高能物理研究在中國還被看作一個"沒有前途"的方向，從事高能物理研究，畢業後"甚至連工作都找不着"。王貽芳卻選擇了堅持，並在 1984 年成為著名物理學家丁肇中的研究生。

　　在丁肇中實驗組的第 11 年，王貽芳前往美國，加入 Palo Verde 反應堆中微子實驗，長時間住在沙漠中集裝箱搭建的小房子裏，像"古埃及奴隸"一樣，親自搬運器材。但也是在這段經歷中，他掌握了中微子實驗所有相關的設計和技術細節。

　　38 歲那年，王貽芳回到中國，他渴望用中國的項目、中國的技術為全世界的基礎物理學做出貢獻。他用行動踐行着初心，願望一步步成為現實。

　　2012 年希格斯粒子被發現後，為了探尋物質世界最深層次的祕密，王貽芳提出了在中國建設環形正負電子對撞機（CEPC）的設想。儘管阻力重重，面對質疑，他仍選擇堅持，認為這是一個科學家的責任，是中國高能物理學的一次重大歷史機遇，將使我國的基礎物理學研究在未來 30 年中成為世界第一，不能輕言放棄。"不管怎樣，我們會問心無愧，做自己該做的事情。"

5

常進

暗 物 質 " 獵 手 "

常進，中國科學院院士，中國科學院國家天文台台長，1966年生於江蘇泰興，曾獲首屆中國空間科學學會科學獎。他長期致力於空間天文研究，提出高能電子和伽馬射線探測新方法，為暗物質研究做出重要貢獻。2015年，他主導的中國第一顆科學探索衞星"悟空號"發射升空，國際權威科學雜誌《自然》刊文稱，這預示着屬於中國的空間科學時代已經到來。

堅守

PERSEVERANCE

勇氣

COURAGE

責任

RESPONSIBILITY

"悟空"上天

2015 年 12 月 17 日，甘肅酒泉，一個朝霞漫天的早晨，氣溫只有零下 15 攝氏度。

8 時 12 分，一聲巨響，在一望無際的戈壁之間，"長征二號丁"運載火箭在烈焰之中騰空而起。須臾之間，火箭在深邃的天空中就只剩下一個時隱時現的光點，而巨大的轟鳴依然如海浪湧動，那是 34 噸化學推進劑在 100 多秒內猛烈燃燒的餘波。

火箭攜帶了一顆特殊的衛星 —— 中國第一顆科學探索衛星。在此之前，中國發射的衛星都具有經濟或軍事用途，而這顆重達 1.8 噸的衛星只為探索未知、探索宇宙的祕密。該衛星名為"悟空號"，寓意如孫悟空般飛上九霄，而英文名 "DAMPE" 則來自遊戲《塞爾達傳說》，命名者是科研團隊中的年輕人，該名稱意為"引領主角找到寶藏"。對於"悟空號"傳回的數據，中國將無償向國際社會公佈，促進全球物理學家合作，共同推進人類對宇宙的認識。

有幸在現場目睹火箭騰空的除了工作人員、普通市民，還有著名科幻作家、《三體》的作者劉慈欣。當時當刻，他想起了一句話："他從未成熟，但一刻沒有停止成長。"用它來形容人類對宇宙的探索，可謂既恰當又浪漫。

在遠離酒泉的西安衛星測控中心，緊張的工作人員透過大屏幕，實時下達着發射後的每個指令。

"發射 17 秒程序轉彎。"
"發射 790 秒後星箭分離。"
"衛星入軌姿態正常。"
"太陽能板打開。"
"各單機加電、載荷加電。"

當衛星成功入軌，監控大廳掌聲經久不息之時，"悟空號"的"父親"、時任中國科學院紫金山天文台首席科學家的常進卻依然面色凝重。

入軌只是第一步，更重要的是每個複雜的衛星部件都正常啓動，"悟空號"有 7 萬多個電路，在火箭突破大氣層的猛烈震動中，任何一處出現問題，哪怕只是鬆動了一絲一毫，也會帶來無法挽回的損失。

因此，即使發射成功，緊張的氣氛依然持續。"悟空號"將 24 小時繞地球 15 圈、行進 60 萬公里（見圖 5-1）。從衛星太陽能板展開到各載荷開機通電、

圖 5-1　"悟空號" 衞星想像圖（中科院紫金山天文台 供圖）

轉向標定，從試運行到正式運行，將經歷漫長的 50 多天，每一天都是新的挑戰。但一天之中只有 4 次機會，每次不過短短几分鐘，科研人員能通過地面接收站接收衞星的信息，知道衞星在哪兒、處於甚麼狀況。常進睡覺前總要交代同事，如果出現任何異常，一定要打電話叫醒他。

"悟空號" 發射升空這一年，常進還不到 50 歲，他中等身材，戴一副眼鏡，面容給人一種書卷氣，又兼具沉穩之感。

對常進來說，這個激動人心的時刻只意味着工作剛剛開始。

截至 2016 年 2 月 6 日，"悟空號" 傳回了首批 500 萬個宇宙高能質子信號，此後每一天，它都將用這麼一雙 "火眼金睛" 幫助人類看清宇宙深處的祕密（見圖 5—2）。國際權威科學雜誌《自然》刊文稱，這預示着一個新時代的到來 —— 屬於中國的空間科學時代。

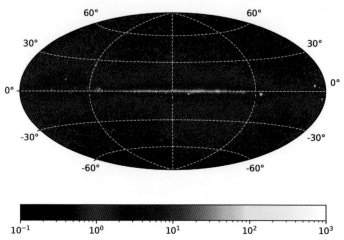

圖 5-2　"悟空號"衛星繪製的中國第一張 GeV 伽馬射線天圖（中科院紫金山天文台 供圖）

現在可以說一說"悟空號"的使命：它矢志探尋的是宇宙中最神祕的物質 —— 暗物質。暗物質被喻為籠罩在當代物理學上的兩大烏雲之一，它不屬於人類已知的多種基本粒子中的任何一種，卻大約佔整個宇宙質量的 85%，人類看不見也摸不着它。

"假如你手上捧着一團暗物質，暗物質就會從你手裏漏走。"這麼說的時候，作為一個嚴肅的科學家，常進反而顯得有幾分幻想、幾分神往。他說，每時每刻，暗物質可能都在穿過每個人的身體，然後穿過地球，墜入虛空。無論是找到它存在的證據，還是發現它性質的端倪，都是全人類科學家的雄心，那是比任何科幻作品都更加神祕的想像之源。

在探尋暗物質的道路上，常進已經走了近 20 年，從一個青年人直至兩鬢星星白髮。如今有了探測衞星，又有了新的希望、新的開始。難怪當 "悟空號" 用他設計的獨一無二的方法日復一日地探測到海量的屬於宇宙的祕密時，一直緊繃着的常進才會那麼開心，甚至展現出豪邁之態：和天文台的年輕小夥子們對戰乒乓球，不分出個勝負來不罷休。

平行世界

1966 年，常進出生在江蘇省泰興市河失鎮一個叫常家莊的小村子。從名字也能看出來，這是一個靠近河道、以 "常" 姓族人聚居而成的村落。常進是家中長子，家裏有兄弟四人，他們的父親是一位普通的農民，也是村黨支部書記。

泰興位於江蘇省中部，當地人以種植稻米為生，冬天農閒時則疏浚河道，那既是灌溉之源，也是水鄉的通途。江蘇省自古文化繁盛，不比蘇南商貿文化的發達，蘇中以農業為主，但泰興的土地多為沙土，種植頗為不易。

民國時期的中央研究院總幹事、地質學家丁文江就是泰興人，丁家用族產在當地辦學，貧窮子弟也可就讀。當年的泰興在江蘇雖然經濟不顯，卻有着崇尚教育的風氣。

常進的父親一輩（三個叔叔、一個姑姑）都是農民大學生，只有他的父親作為家中長子留在村裏照顧父母。常進從小就對讀書、上學有天然的親近，那既是家乡的風氣，也是家庭的熏陶。放棄讀大學成了常父一輩子的遺憾，常進努力讀書也是在圓父親的夢。

　　當然，更重要的是，對農家子弟常進來說，讀書是改變命運的唯一方式。

　　20 世紀六七十年代，農村生活清貧，春種夏收力田一年，農民們也只是在溫飽線上掙扎。常家也不例外，在"均貧"的時代，連吃飽都是一種奢侈。常進從小就養成了吃飯快的習慣，因為兄弟四人誰要是吃得慢就會吃不飽。但慢慢懂事之後，作為老大，常進要把吃的省下來留給弟弟們。這讓他這個做哥哥的與三個弟弟相比，在青春期反而顯得瘦弱。

　　作為農民的兒子，常進甚麼農活都幹過，從小就打豬草、插秧、割稻子，一到暑假還要去生產隊充當半個勞力，大人們工作一天算 10 個工分，小孩力小體弱，算 3 個工分，整個暑假都在農田裏摸爬滾打，最辛苦的還要屬冬天裏逃不掉的河道疏浚。常進說："那個時候農村最苦的叫挑河，每年到了冬天，河道要疏通，父母凌晨 4 點就要上河裏挑，一擔一百多斤的泥，從河底下挑到上面來。全村人都要去，凌晨四五點吃一碗米飯，然後挑到中午，中午吃一碗飯，再挑到晚上。有的人都累得吐血了。小時候，大人會說，如果你不好好讀書，長大了只能去挑河。"

　　"大人說的我能親身體會。"貧家少年很早就領悟到這不是在嚇唬他，"唯有讀書才能改變命運。"

　　常進的小學和初中都就讀於鄉下的學校。所謂學校，不過是幾間平房。幾十個慣於在河邊摸河蚌而不是面對課本的同窗，老師當然是鄉村教師，語文、數學還能應付，英語就無能為力了。常進的小學英語老師自己還是初中生，上午在縣城上課，下午就來鄉下的學校現學現賣。即使是這樣惡劣的條件，常進仍然憑藉天賦和勤奮考上了泰興市最好的高中。同校幾百人參加中考，包括他在內，只有兩個人幸運地進城讀書，踏出改變命運的第一步。

這一年，當常進的父母還在為一學期幾元學費發愁，常進還在為來到心目中的"大城市"泰興而喜悅的時候，在地球的另一端，西方科學家們終於相信，組成我們這個宇宙、這個世界的不光有恢宏的恆星、行星、隕石以及微小的原子、中子、電子，還有更神祕的看不見的物質，無以名狀，卻無處不在。

1980年，美國女天文學家薇拉·魯賓（Vera Rubin）發表了一篇有關暗物質的重量級論文。她在觀察銀河系時發現了一個奇怪的現象，銀河系中一共有2 000億顆恆星，它們都圍繞着星系的中心旋轉，根據牛頓的萬有引力定律，星系的旋轉速度是由質量和距離共同決定的，通過天文觀測可知，恆星大部分位於銀河系的中間，所以越到星系的邊緣，恆星旋轉的速度按照理論推算會越來越低。然而，魯賓觀測到的事實卻不是這樣，在星系的中央和邊緣，恆星旋轉的速度相差無幾，那就意味着其實在星系裏有許多看不到的物質，它們給外圍的恆星提供了足夠大的引力，把它們拉在一起，否則星系早就分崩離析了。

其中的道理可以簡單地用陀螺來類比，如果用沙子捏一個陀螺，讓這個陀螺旋轉起來，那麼轉速一快，沙陀螺肯定就會散架，因為沙子與沙子之間的結合力不足以維持向心力。要讓沙陀螺不散架，就得把膠水摻在沙子裏面。如果把銀河系想像成一個沙陀螺，那麼萬有引力就是膠水，膠水的黏度決定了陀螺的最高轉速。高中物理就講過，引力的大小是由質量決定的。

魯賓觀測到了銀河系的轉速，反算出總引力的大小，進而算出銀河系的總質量。她確定無疑地發現銀河系的大部分質量"丟失"了，而且推算後的結果是驚人的：整個宇宙中，我們所能看到的物質只佔宇宙的 5%，95% 都是看不到的。

在那個時刻，這一 20 世紀物理學界劃時代的發現和 14 歲的常進還沒有任何關係，暗物質對他來說還太遙遠，他只是一個喜歡數學和物理的高中生，在黑板上有專屬的位置寫下解題思路供同學參考。

那是兩個完全不同的平行世界，在其中一個世界，科學家們驚呼於造物主的祕密朦朧地顯現出來；在另一個世界，來自農村的少年常進正苦惱於自己蹩腳的英文跟不上城裏中學的進度。當時他不會想到，近 20 年後，他用英文寫作的尋找暗物質的論文會在兩個世界同時引發轟動。

天才同學

1984 年，常進參加了高考。他的強項是數學和物理，語文的麻煩是寫作文愛跑題，英語水平倒是趕了上來，都是拜勤奮所賜 —— 班主任有時會在宿舍熄燈後的公共廁所看到常進藉着廁所的照明溫習功課。

高考前填報志願時，常進原本想報考清華大學的工科專業，但班主任覺得他是學科學的好苗子，鼓勵他報中國科技大學，當時後者的分數線比清華大學要高十多分。父母都是農民，在這方面給不了常進甚麼建議，他聽從了老師的建議，但也不免忐忑，如果考不上中國科技大學，就落到第二志願 —— 武漢鋼鐵學院,以後可能就要一輩子和煉鋼打交道了。

高考時數學一科,常進本來是奔着滿分去的,但最後一道大題死活做不出來,絞盡腦汁半小時仍毫無結果,這讓他心情非常差。後來才知道,那道題全國就沒有考生做出來,是出題老師出偏了。語文也沒考好,滿分 120 分,他只考了 70 分。好在物理只錯了第一道選擇題,而當年全國物理平均分只有 30 多分。數學因為最後一道題的問題,實際上的滿分是 112 分,他也就剛好拿了這個分數。憑藉強悍的理科成績,常進有驚無險,1984 年 9 月,他成為中國科技大學物理系的一名新生。

當時"四個現代化""科學技術是第一生產力"的口號傳遍了大江南北,"文革"陣痛之後,中國人又一次將富國強民的雄心壯志寄託在科學之上。這是屬於 20 世紀七八十年代的時代氛圍。

作為頂尖的理科院校之一,中國科技大學不僅強手如雲,而且在 1978 年開辦了培養科學天才的少年班,轟動一時。從小地方來到大城市的常進,陡然發現自己竟被天才包圍了,其中有各省的狀元,還有全國高考第一名。他至今都記得後者的"可怕"之處:"他整個生活就跟時鐘一樣,每天早上 5 點起牀,深夜 12 點睡覺。考試的卷子、做的作業就跟標準答案一樣,等號都是用尺子畫的。"

"跟他們一比,你就沒有志向了。"常進回憶起當年,很坦白地說,"剛開始有壓力,後來也沒甚麼了,你把自己的事情做好,不要跟別人比,只能跟自己比。跟昨天比,我今天是不是進步了。這樣你才能保持平靜的內心。"

出于謙遜,常進覺得自己並不是天才般的人物,算不上聰明絕頂,他剛進大學時感受到了落差（可能許多大學新生都有此經歷），但很快就調整好了心態。他既沒有懷疑自己也沒有因落差而焦慮，反而在大學前兩年常常去圖書館看閒書，金庸和古龍的中式武俠小說、《基督山伯爵》的西式復仇小說都被他看了個遍。他偶爾還要打打撲克、下下圍棋，他首先要體驗的是嶄新的大學生活。

更重要的是不氣餒，找到自己的方向。常進說，雖然自己沒有那麼"天才"，但他對物理是真的感興趣。

當年，中國科技大學物理系的研究方向主要分為兩個：一個是核物理，很容易讓人聯想到核武器，其實是研究原子核的結構和變化規律；另一個是高能物理，研究比原子核更深層次的微觀物質世界。高能物理是一門以"發現和實驗"為基礎的前沿學科，大概恰恰是性格中的沉穩和專注起了作用，常進喜歡做實驗。

常進攻讀碩士學位時的導師是許諾宗教授，他對常進的第一印象就是有做實驗的天賦：有想法，還有動手能力。當時物理系的實驗設備非常簡陋，許多是早已被西方同行淘汰的舊設備，碩士研究生階段的實驗又不比本科時按部就班的教學實驗，有時需要實驗者自己想辦法在舊設備上摸索出新功能。雖然平時顯得有些大大咧咧，但在學術上，常進可以做到兼具創造性和一絲不苟，這正是做實驗最珍貴的品質。

當時，許教授和常進一起嘗試測量一種新的反射晶體的衰減時間，這在全球都是首次測量，而這種新的反射晶體衰減時間不到 1 納秒，也就是不到 10^{-9} 秒，真是倏忽即逝。要用簡陋的設備捕捉它，考驗的既是科研上的創造性也是一種極致的耐心，因為反反覆覆的失敗是科研的應有之義。

對失敗淡然處之，也可以算一種天賦。"一個實驗做不成功，你首先問哪個地方出問題了，為甚麼老不成功，哪些條件要改變。如果條件變好了，結果沒變好，那就要去查理論上是不是出了錯。你看到實驗數據差了一點點，就要去弄清楚原因，有可能是物理上的，有可能是技術上的。如果是技術上的，我可以去改進技術；是物理上的，那找出來後，你的物理水平不就提高了一步嗎？"常進說。

這種刨根究底的方式讓他更有一種掌控感，他說："我真正感興趣的是每一台設備都要達到我的要求，把每一件小事都做到完美、極致，結果都是水到渠成。"

1992 年，大概也是水到渠成，常進碩士研究生畢業後被分配到地處南京的中國科學院紫金山天文台，那里正好需要一個從事高能物理專業的研究人員。雖然常進在這之前從未接觸過望遠鏡，但他覺得到哪兒都是做研究，也就隨遇而安。沒想到的是，在紫金山天文台，常進一待就是近 30 年。

"一個月工資就值百十斤青菜"

加入紫金山天文台時，常進 26 歲，當時中國空間天文領域的研究幾近荒漠。紫金山天文台曾經試圖研製一顆天文衛星，但因科研經費不足只能忍痛下馬。常進到天文台後，很快發現自己也面臨同樣的難題：沒有經費，也就沒有先進的儀器，無法做前沿實驗，理論上自然也就毫無突破，陷入惡性循環。

"就好像到汽車廠工作，卻發現工廠一輛汽車都沒造出來。"這就是常進到天文台後的第一感受。

雪上加霜的是，進入 20 世紀 90 年代，時代氛圍也改變了——"造原子彈的不如賣茶葉蛋的"，經商致富的風潮席捲而來，大學同學有的轉而從事金融行業。常進剛進天文台，就有近三分之一的同事辭職經商或創業，常進的母親不禁為他微薄的工資愁眉不展，說他"一個月工資就值百十斤青菜"。

"那個時候比較難，對我來講比較難，對天文台來講也比較難。"雖然如此，常進從沒動搖過，他明白無論要做甚麼，第一步都是堅持。他說："你要選定一件事，如果半途而廢，你就不可能成功，你必須專注地走下去，克服一個接一個的困難。"

說起來淺顯，就是"不搏二兔"——不要試圖去追兩隻兔子。雖然人生的誘惑很多，選擇也很多，"但一段時間內只能做一件事"。你必須做出選擇。

常進的選擇是，既然沒有條件做比較前沿的研究，他就整天泡在圖書館，把能找到的西方高能物理論文看個遍。

那段枯坐圖書館的經歷對常進的重要性怎麼說都不過分。當時他驚訝地發現，由於長期脫離與西方前沿研究的交流，國內的許多研究思路、研究方向可以說都是錯誤的，雖然費了很大勁兒，但閉門造車注定不會有任何結果。在正視了與西方學界的差距之後，常進有了"彎道超車"的想法："我們看到了差距，當時我就確定，不能跟在外國人後面走，我們必須找到一個新的方向，那是外國人沒有看到的方向，或者是他們認為不可行的方向。跟在他們後面就很難超過他們，所以我們必須轉換跑道，必須有獨門祕訣、獨門武器。我們要開闢新的方向，外國人還沒開始，我們先做，不就容易趕上人家了嗎？"

暗物質就是一個絕佳的研究方向，不管國內國外，科學家們都只是在理論上論證了它的存在，並未真正找到它存在的直接證據。

1997 年，機會來了。常進偶然聽聞美國要在南極開展 ATIC 氣球探空項目，用來觀測宇宙射線。宇宙射線指的是宇宙中的高能帶電粒子，其攜帶的能量可以輕易超過地球上最強大的加速器所產生能量的千萬倍。這正好是常進的研究方向，而且他敏銳地發現，除了研究宇宙射線，這個項目還能用來尋找暗物質 —— 基於高能物理的設想，當暗物質相互碰撞時，也能產生高能宇宙射線。

20 世紀後期，科學家們嘗試了各種方法尋找暗物質（見表 5-1），包括在極深的地下實驗室捕捉暗物質與靜止的原子核碰撞並將後者撞離的過程，以及在對撞機上讓高能粒子束對撞，試圖直接產生暗物質粒子，但這兩種方法直到今天都沒有取得突破。

表 5-1　尋找暗物質的三種方法

1	在極深的地下實驗室捕捉暗物質與靜止的原子核碰撞並將後者撞離的過程。
2	在對撞機上讓高能粒子束對撞，試圖直接產生暗物質粒子。
3	間接觀測法，在宇宙射線和伽馬射線等數據中尋找暗物質粒子湮滅或者衰變的產物。

第三種方法被稱作間接觀測法，這也是常進試圖突破的方向，理論基礎是暗物質粒子的湮滅。世界上的物質都有反物質，比如電子的反物質是帶正電的電子。當物質與它們的反物質相遇時，兩者就會結合，並產生巨大的能量，這個過程叫做湮滅。暗物質的反物質就是它本身。如果兩個暗物質粒子相遇，它們就會因碰撞而消失，產生高能光子、中微子和其他帶電高能粒子，如正電子、反質子。這些粒子作為宇宙射線的一部分，在宇宙中高速穿梭。如果能觀測到奇特的宇宙射線形貌，那麼其可能就是暗物質存在的直接證據。

　　這需要把符合條件的稀有粒子從規模龐大的宇宙射線裏面挑出來，如果採用傳統的方法，需要重達四五噸的昂貴探測器才有可能實現。不過，常進發明出一種方法，這就是他的"獨門武器"，用便宜、較輕薄的儀器就行，比如美國人的氣球實驗所用的探測器。

　　初生牛犢不怕虎。常進相信自己的想法是正確的，"在物理裏，1+1=2，對的就是對的，不會跑的"。當年常進 31 歲，只是一個名不見經傳的中國科研人員，但他直接發電子郵件給美國 ATIC 項目首席科學家，提出用自己的方法合作研究。

　　"美國人覺得這太瘋狂了。"為了說服他們，常進直接飛到美國。一到實驗室，美方就要求他在計算機上將他的想法演示一遍。他要從零開始，將所有想法都編成程序，把各種參數計算出來，再進行核對，整個過程持續了 36 個小時，他幾乎沒合眼。如今想起來，常進也會感歎："有時候還是要拚命的。"

　　程序演算的結果一目了然，美方決定邀請常進加入 ATIC 項目組，南極氣球實驗數據也將交由他分析。這是屬於常進的勝利，中國一個普通的科研人員，沒有為探測器出一分錢，只是憑藉自己的想法，加入了一個美國學界主導的項目。

2000 年年底，展開後可達 30 萬立方米、比一個足球場還大的超級氣球在南極升空，並在離地面 37 千米的高空完成了人類對高能電子的首次成功觀測。實驗持續了六年，氣球升空四次，第一次成功，第二次失敗，第三次又失敗，第四次才再次成功 (見圖 5-3)。

圖 5-3　2007 年，南極氣球項目現場 (中科院紫金山天文台 供圖)

探測帶回的海量數據成為常進的寶藏。與他的預想一致，這些數據裏隱藏着宇宙最深的祕密 —— 高能電子流量在 300~800GeV（十億電子伏特）能量區間顯著超出了模型預計，一個可能的解釋就是這一突起來自暗物質的湮滅。

關於這一結論，可以用一個並不完全吻合的例子來做類比。我們都知道，在人類的身高分佈中，特別矮、特別高的都只佔很小一部分，大部分人的身高居於中間值，如果在人口身高普查中發現身高 2 米的人比 1.7 米的人還要多，那就是出現了不符合常理的現象，至於原因，"你就有充足的空間去想像了"。

2008 年，常進作為第一作者在《自然》雜誌上發表了《宇宙電子在 3 000 億~8 000 億電子伏特能量區間發現"超"》，引發了間接觀測尋找暗物質的熱潮，這一半路加入的研究一舉成為 ATIC 氣球探空項目最重要的科學發現。

對得起國家，對得起自己

"以前沒人在這個領域去發現，我們是第一個，但也有遺憾。"常進說，"設備是人家的，我們是搭便車，只是用了自己的理論方法。"

關鍵還是經費。巨型氣球升空一次，需要 100 萬美元，而當年紫金山天文台承接的最大的國家科研項目的經費才 1 000 萬元，還是分五六年下發。現實的差距讓常進只能通過搭便車的方式尋求與他國的合作。

胡一鳴是常進指導的博士生，也是紫金山天文台的員工，他曾經代表老師前往南極觀摩氣球的第四次升空。白色的氣球遮蔽了夏季荒凉的冰原，宛如降臨的宇宙飛船。現場的美方工作人員超過 300 人，這還不包括負責後勤的美國雷神公司和軍方的工作人員，科研物資都是通過軍用飛機空運來的 —— 這樣大型的科研項目依靠的是一個國家的整體實力。

"這也是我經常講的一件事情，就是你要幹大事，不光是你屬害，還要國家允許，要跟國家的實力相匹配。國家實力不允許，那就達不到，你就沒有這個實力。"常進說。如今已經不是楊振寧、李政道那個時代，當年他們在美國做出了舉世矚目的科研成果。當下，當前沿研究越來越需要龐大的資金和國力支持時，科學家最終可以依靠的還是自己的祖國。常進提到："科學發展到今天，靈感一來就有重大發現的時代已經一去不復返，現在全是靠大團隊、大工程。一台天文望遠鏡就是數億美元、幾十億元，美國人怎麼可能投入這筆錢讓中國人主導呢？你要做成事情，還得在國內。"

幸運的是，常進從事天文物理研究的 30 年是中國國力一日千里的 30 年，早年的窘境在飛速發展的時代進程中慢慢成為過去，對科學家來說當然是生逢其時。

在紫金山天文台，常進和團隊先是為"神舟二號"飛船成功研製了伽馬射線譜儀，這是中國第一次在太空開展真正的天文觀測。隨後，他又參與了"嫦娥一號"、"嫦娥二號"和"嫦娥三號"探月工程，積累了豐富的空間觀測經驗。在過去，這都是想都不敢想的大項目。

這讓常進產生了更大膽的想法，氣球升空高度還是太低了，大氣層嚴重干擾了對宇宙射線的觀測，要更深入地研究，還得去真正的外太空。

曾任中國科學院國家空間科學中心主任的吳季還記得，當年，常進在一台 DOS 操作系統的計算機屏幕前激動的表情："常進跟我說，如果我能製造一台更大的探測器放在宇宙空間，一定能發現了不起的風景。"

2010 年，紫金山天文台組建了暗物質與空間天文實驗室。2011 年，"悟空號"成功通過了中科院空間科學戰略性先導科技專項立項。

組裝一顆前所未有的衛星，考驗的既是創新能力，也是複雜的系統組織能力。在常進的設想中，衛星的探測儀將由 4 個部分組成（見圖 5-4）：頂部是塑閃陣列探測器，往下依次是矽陣列探測器、BGO 量能器、中子探測器。4 種探測器結合，才能高分辨地觀測高能宇宙粒子。它將具有 75 916 路探測通道，

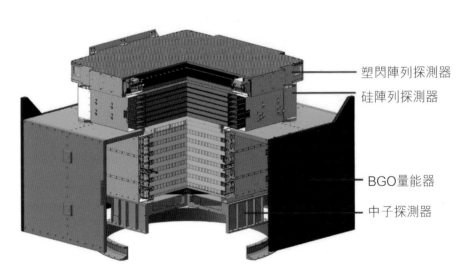

塑閃陣列探測器
硅陣列探測器

BGO量能器
中子探測器

圖 5-4　"悟空號"衛星有效載荷結構圖（中科院紫金山天文台 供圖）

可以說是我國在天上飛行的電子學方面最複雜的一顆衛星。

這樣一項複雜而艱鉅的任務，需要包括紫金山天文台在內的不同科研單位通力合作。作為首席科學家，常進把控每個子項目的設計和方向，他親力親為地抓每個工程細節，又有些像"總工程師"。

胡一鳴記得常進反覆向他們強調："我們是和世界上最厲害的一撥人競爭，我們比他們聰明？不可能。只有肯吃苦，比他們多花幾倍的時間和精力，也許還有一點兒機會。"

從衛星項目立項到預定的發射時間只有短短4年，許多人聽說後都覺得是不可能完成的任務，但常進和他的團隊不僅要將不可能變成可能，還希望在探測能力上超過所有國外同類型衛星。

常進的方法依然和大學時對待實驗一樣，他說："我是做技術出身的，每一項技術，你把它做到極致，最便宜、最可靠，做到完美了才能實現偉大的科學目標。我每天做的事情，不是說我直接去找暗物質，那樣你是找不到暗物質的。每天做的都是一些小事，但把每一件小事都做到極致、完美，離找到暗物質就近了一步。"

"悟空號"同樣是一個國際合作項目，但不同於過去的"搭便車"，它的主導者換成了中國人。四大探測器之一的矽陣列探測器的研製單位是中國科學院高能物理所領導的一支國際合作團隊，團隊成員包括瑞士日內瓦大學和意大利佩魯賈大學的工作人員。合作中還有一段有趣的插曲，臨近探測器交付的時候，合作方要放假，但衛星發射可不等人，我國專家們直接奔赴意大利，當外國人度假的時候，他們就在實驗室裏24小時不間斷地趕工。

在"悟空號"項目組，常進最常告誡同事的是要有一顆責任心，他說："每一個人負責的事情，不能犯錯，要對得起國家，對得起自己。因為十年來我們就幹了這一件事，自己沒有責任心，一個電阻弄錯了，衛星就要失敗，往大了說對不起國家，往小了說對不起自己。"

空間探測永遠是高風險的，衛星上了天，就再沒有改正的機會。常進知道，美國曾經有一個推進了 20 年的觀測項目，最後卻因為探測器性能沒有達到要求以失敗收尾，科學家心有不甘，但已經於事無補。

2015 年年底，"悟空號"發射成功，顯示運行正常之後，常進懸了 4 年的心才算稍稍放了下來。他如釋重負地說："我們沒有翻車，我們做到了。"

"悟空號"被證明是世界上迄今為止觀測能段範圍最寬、能量分辨率最優的空間探測器，其觀測能段是國際空間站上的阿爾法磁譜儀的 10 倍，它在天上 1 天採集的數據相當於 4 個月前發射的日本衛星 10 天採集數據的總和。

探測器的粒子鑑別能力就像在一個 2 000 萬人口的城市中準確找出 20 個人，而探測器的動態範圍達到 100 萬倍，這就好比讓一個人的眼睛既能看到一名兩米高的籃球運動員，又能看清他身上只有兩微米的細胞。

上車倒頭睡，下車自然醒

在紫金山天文台，同事們都知道，只要不出差，即使是週末，常進也總是待在辦公室。任何時候去找他，他都坐在計算機前鼓搗自己的研究。他的辦公室裏有好幾台計算機，他一會兒在這台上運行程序，一會兒又在另一台上計算參數，總是一副自得其樂的樣子。

關於他對工作的痴迷，天文台裏流傳着許多小故事，其中之一還是台裏原來沒有食堂的時候，常進總是從家裏帶午飯過來，中午就拿着飯盒去水房用微波爐加熱。有一次熱飯的間隙，常進轉去辦公室和同事聊工作，聊着聊着，就聊出一個新點子，他立馬就返回辦公室開始驗證。直到下午，工作人員打掃水房，發現了那盒又放涼了的飯，滿樓找主人，他才想起來。

讓同事們佩服不已的還有常進快速入睡的本領，只要出差，他上了車能倒頭就睡，還能打呼嚕，下車自然醒。大家都感歎："你這效率高啊，回去又能繼續幹活了。"久而久之，大家就明白了，這都是長期繁重的工作訓練出來的、抓住一切機會休息的本事。

常進以身體力行的方式，三十年如一日地展現了一個科學家該有的"專注"。他曾經這樣解釋："科研工作者是最幸福的，用納稅人的錢做研究，滿足自己的好奇心。因此科研工作者一定要高度認真負責，要刻苦工作，要對得起納稅人。對科研工作者來說，大部分時間是比較寂寞的，早晨起來就開始思考，中午、晚上一直到睡覺都在思考。要想取得一點兒進步，腦子裏總要裝着要解決的問題，這就叫專注吧。我小的時候看到媒體報道講數學家陳景潤走路時思考問題撞到樹上，當時我不理解，現在到我們這個年紀就明白，這就是搞科研的正常狀態。當你思考一個問題很專注時，才能取得突破。"

到 2020 年，"悟空號"已經在軌運行近 5 年，遠遠超過了其設計壽命，所有部件都還保持最佳狀態。5 年間，"悟空號"已經捕捉了超過 80 億個宇宙高能粒子。2017 年，第一批研究成果發表在《自然》雜誌上，向全球展示"悟空號"繪製的世界上最精確的高能電子宇宙射線能譜。

一般宇宙射線源產生的背景曲線較為平滑，在能量較低部分，電子數目較多，隨着能量的升高，電子數目快速減少。但"悟空號"直接測量到電子宇宙射線能譜會在 1.4TeV（萬億電子伏特）處形成一個鼓包 —— 多出來的高能粒子，就是不合常理之處，可能與暗物質的湮滅有關。相比當年的氣球實驗，"悟空號"測量得更為精確，能量區間還高了一個數量級。

如今，每天走進辦公室，常進的第一項工作就是檢查衛星傳輸回的數據，對"悟空號"進行"體檢"。面對監視器上給出的衛星的各種數據和圖表，他要核對電流、電壓、溫濕度、姿態，確定一切正常，然後在當天的"悟空運行日誌"中畫鈎。

如果說衛星是整個科研團隊的"孩子"，那常進就是"大家長"，擔心身在外太空的衛星會"感冒""發燒"。雖說外人看來常進是院士，還是項目組中年紀最大的科學家，但他依然參與對"悟空號"的監測值班，包括節假日。2015—2020 年的 6 個春節，基本上從大年三十到正月初三都是他值班。

常進盼望着"悟空號"傳回更多的數據，在不遠的將來能確認暗物質的蹤影。他說，現有數據中有引人注目的跡象，但還不確定，未來的工作還將繼續。

""悟空號"的終極目標是找到暗物質，但最終能不能找到，這就不是我能預計的了。重要的是，我們的研究和觀測結果可以打開一扇門，門後面不一定有暗物質，但一定會有別的甚麼，會有新的發現，可能是另一處花園。"常進相信，他不會空手而歸。

　　就像愛因斯坦曾說的：“宇宙最難理解之處在於它居然是可以被理解的。”

（文／張瑞）

科學精神內核

　　常進出生在一個普普通通的江蘇農家，見證了貧窮年代中國農民的艱苦生活，他意識到必須通過讀書改變命運。從中國科技大學物理系畢業後，常進進入紫金山天文台工作，開啟了作為科學家的職業生涯。

　　那時，中國的空間天文研究還非常落後，加之 20 世紀 90 年代社會變遷，很多科研人員辭職經商或創業，常進一個月的工資僅值"百十斤青菜"，但他選擇了堅持，長久地泡在圖書館中，研讀空間天文領域的重要論文，並在 1997 年迎來了一生的機遇：他發現美國的 ATIC（先進薄電離量能器）氣球探空項目不僅可以觀測宇宙射線，還能尋找暗物質。

　　當時，這位年輕的中國學者的想法讓美國人直呼瘋狂，於是常進獨自飛往美國，經過兩天一夜不眠不休的複雜編程和驗算，終於證明自己的想法切實可行。3 年後，他的分析結果成為該項目最重大的成果，引發了基於宇宙線的暗物質間接探測的國際熱潮。

　　科學家的命運和國家的命運緊密相聯，尤其是在空間天文學領域，大型科研項目背後必須有綜合國力的支撐。中國的面貌今非昔比，常進終於實現了中國天文衛星零的突破—— 他為"悟空號"的發射升空付出了 10 年的艱辛，但一切都是值得的。

　　常進說："要對得起國家，對得起自己。"

6

鮑哲南

好 奇 心 改 變 世 界

　　鮑哲南，化學家，斯坦福大學化學工程系教授，美國國家工程院院士，美國藝術與科學院院士，中國科學院外籍院士，1970年生於南京。她憑藉在人造皮膚、柔性電子方面的研究，成為世界頂級的材料化學家，同時擁有幾十項發明專利，連接了科學研究與前沿產業，為人類的未來生活開創了科幻般的前景。2015年她被選為《自然》雜誌年度科技界十大人物，2017年獲得"世界傑出女科學家獎"。

好奇心

CURIOSITY

創造

CREATION

改變世界

WORLD CHANGER

融會貫通

INTEGRATION

充滿科幻感的未來

也許 20 年後，你的生活是這樣的：

> 早晨，身上的柔性電子皮膚讓你醒來，並且告訴你脈搏正常。戴上眼鏡，你可以了解今天的日程表，得知下午有一個會議。然後你走出房間，準備上班，那時最普遍的交通工具是直升機，抬頭一看，告訴直升機下來接你。你的家人來跟你告別，透過家人身上的柔性電子器件，你知道家人的心情很好……

2017 年，在一次面向國內的講座中，鮑哲南暢想着她心中的未來："我們設想的電子世界的未來是通過人造電子皮膚所形成的 BodyNet（人體網絡），幫助人與人溝通、人與交通工具溝通、人與周圍環境溝通。"

這是一位傑出的科學家心中的未來 —— 讓科技像魔法一樣改變我們的生活、造福我們的生活（見圖 6-1）。

圖 6-1　可連接數字世界和物理世界的類皮膚電子器件將改變人與電子器件之間、人與人之間的關係（斯坦福大學鮑哲南教授科研團隊 供圖）

這一年，鮑哲南教授 47 歲。她留着一頭順直的披肩發，由於保持着良好的運動習慣，她看起來比實際年齡年輕。面對公眾，她常穿一套深色休閒西裝，看起來不僅像科學家，也像商務精英。這也是事實，在科研之餘，鮑哲南已經在美國成立了兩家初創科技公司。

如果說科學家是在人類智慧的巔峯探尋真知灼見，創造一家公司則是以經濟的原理將產品與大眾連接，可以說，要勝任這兩項工作都要求具備相似的素質：勤奮且理智，務實並兼具想像力。科學家和企業家有着同樣的雄心：試圖預見並改變人類世界。

"智能手機出現之前，我們用數碼相機拍照、用 MP3 播放器聽音樂、用 GPS（全球定位系統）找路……但當智能手機面世後，很多傳統工業被顛覆了。對我們來說，現在是智能手機，將來是 BodyNet。"鮑哲南有這麼說的資格，作為全球傑出的高分子化學家之一，她已經朝着這個未來邁出了重要的一步。

她和她的團隊致力於發明出人造電子皮膚，它像真正的皮膚一樣輕薄、柔軟、可拉伸、自動修復，能夠感知壓力、溫度。未來，人造電子皮膚可能還具有超越性的功能："想像一下，如果你手上的皮膚可以感知化學分子或者生物分子，也許你可以給自己做身體檢查。看到皮膚上有一顆痣，顏色不太對，也許你摸一下就可以知道它是不是癌症細胞。你在觸摸桌子的時候，就可知道這張桌子表面是否有細菌。"

這些都是大膽的設想，初聽起來頗有些科幻意味，但對鮑哲南來說，它們有着扎實的學科基礎和工程實踐，也是她努力的方向。鮑哲南並不憚於向不了解高深科學的大眾傳遞她的理念，因為她知道，有時候新的發現、新的科學、新的技術因為過於超前，要麼會讓人覺得是天方夜譚，要麼會讓人感到恐懼，而無論哪種消極情緒都將阻礙科技發展。她想告訴人們的是，我們可以掌控科技發展的方向，讓世界變得更美好。

這樣一種樂觀主義的態度在某種程度上也是鮑哲南的人生寫照：對科學和真理的追尋既成為她的事業，形塑了她的人生軌跡，也因此讓她擁有了改變世界的機會。

一根冰棍

1970 年，鮑哲南出生在江蘇南京一個知識分子家庭，父親是南京大學物理系教授，母親是南京大學化學系教授，他們有兩個女兒，鮑哲南是小女兒（見圖 6-2）。同學至今記得開學時她的自我介紹："我叫鮑哲南，'哲學'的'哲'，因為我的父母希望我有智慧；'南'是'南京'的'南'，因為我出生在南京。"

圖 6-2　20 世紀 80 年代，鮑哲南（右二）與父母、姐姐在南京玄武湖畔（鮑哲南 供圖）

對於何為智慧，出生於科學家家庭的鮑哲南年少時自然多受父母的啓發和熏陶：那是一種好奇心和求知慾的結合，一種理性思維的訓練，是對客觀現象進行思考和解答的能力。

說來抽象，但即使在一個小孩的生活裏，"智慧"也隨處可見。比如，去玄武湖邊玩，爸爸有意問她："冰棍落到水裏是會浮起來還是沉下去？"4歲的鮑哲南想當然地回答："肯定會沉下去。"但把冰棍扔到水裏，它分明浮在水面上，於是在不知不覺中，她學到了科學知識。又比如，夏天要去公園找知了，爸爸說，你想想看，知了在樹的哪一面比較多，是樹蔭的角落還是陽光普照的地方？鄰居家的煤氣罐着火了，媽媽將澆了水的被子捂上去，成功撲滅了熊熊火焰，鮑哲南腦洞大開地問："我們家的仙人掌裏面也有水，能用仙人掌滅火嗎？"

所謂"智慧"，就是"求解"，慢慢地，鮑哲南明白了，這樣一個過程說來普通卻又奇特，你養成習慣後，對世界的"求解"就會停不下來，"你會發現一個問題接着一個問題，就像剝洋葱，或者像一層一層打開的俄羅斯套娃"。

父母也會告訴她，目標不只是提出問題、保有好奇心就夠了。鮑哲南說："父親說只是為了問問題而不去思考這個問題，其實提問的小孩並沒有學到東西。"父母希望她從小做到的是，發現問題，尋找答案，錯了也不要緊，要緊的是思考本身，否則即使有"十萬個為甚麼"，也並沒有學到東西。

"智慧"唯有"勤奮"才可得，這也是父母的言傳身教。作為科學家的孩子，她從小就耳濡目染父母是怎麼工作的。

20世紀70年代中期，鮑哲南開始記事時正好是"文革"結束，中國科學界百廢待興。在南京大學，她的父母才開始做研究、讀論文，甚至從頭自學英語。那時她和姐姐住一個房間，父母住另一個房間，每個房間裏都有兩張書桌。放學回家的晚上，鮑哲南和姐姐做作業，父母也在自己的房間裏一人一張書桌做研究。一家人都在學習，一夜又一夜，這就是她對童年的印象。鮑哲南記得："他們總是跟我說，他們那一代要特別努力，因為之前從來沒有做過科學研究，甚至不知道甚麼是科學研究。我爸爸那時快 50 歲了，才開始學怎麼做研究、怎麼寫科研文章，全是他們自己學來的，真的特別不容易。"

那時候即使父母都是教授，家庭生活依然拮据，父母拿一分錢買一顆糖都要切開給姐妹倆一人一半，穿打補丁的衣服更是很自然的事。但在動盪的歲月終於結束後，鮑哲南在父母身上體會到了一種純粹的求知的快樂：對所做的研究投以熱愛、抱有興趣，即使工作再忙再難，從無到有，依然能夠保持好心情，認定自己做的事有意義。

作為大學教師，讓父母快樂的還有把知識傳遞給學生。父母各有自己的學生，年輕人常常被邀請來家裏探討學業、科研的困惑，他們也幫助學生們解答有關人生的疑惑。那時年幼的鮑哲南坐在一邊，並不懂大人們在說甚麼，但那種其樂融融的狀態給她留下了深刻的印象，自小就認定科學家的工作就是兩方面的結合，即探尋世界的奧祕，同時以一種積極的態度教導自己的學生。多年以後，在斯坦福大學任教授的鮑哲南就是這麼做的。

在學習之餘，鮑哲南度過了一個快樂的童年。她喜歡盪鞦韆，還會吊單槓、雙槓，都是頑皮的孩子喜歡的遊戲。父母並沒有因為她是女孩而制止她，反而樂見於她釋放天性。

鮑哲南小時候身體不好，常常咳嗽。為了強身健體，從幼兒園開始，每天早晨，一家四口會去南京大學的校園裏跑步。長跑的習慣也慢慢培養起來，即使長大後，不管是在中國還是在美國，鮑哲南依然熱愛跑步。跑步對她來說不僅是鍛煉的方式，也是解壓的方法。至於說作為一項有些枯燥的運動，到底是長跑培養了她的毅力，還是她天然有毅力所以才喜歡上長跑，鮑哲南自己也說不清。

化學就像炒菜一樣

小學畢業後，鮑哲南考入了金陵中學，那是南京歷史最悠久也是最好的中學，創建於 1888 年。在百年的辦學歷程中，走出了 26 位兩院院士，包括教育家陶行知、經濟學家吳敬璉和厲以寧、文學家宗白華。

在金陵中學，鮑哲南度過了從初中到高中的 6 年，因為小學時跳了一級，她一直是班上年齡最小的學生。在這樣一所名校，剛進中學時，她的成績只能算中上等，對個性有些好強的鮑哲南來說，自然不服氣。她上課時學習，放學了也學習，週末還是學習，反而是父母勸她不要太在乎，"你要放鬆一些"，他們總是這麼說，向她強調她不是非得做到甚麼程度。不是中國父母普遍"望子成龍"的壓力，而是鮑哲南不服輸的個性，讓她在學業上為自己設立更高的標準。

鮑哲南曾經這樣描述當年自己的學習方法：第一步，粗看框架，弄明白這門課到底講的是甚麼；第二步，縮寫整本書，把書裏的關鍵詞和中心句默寫在一個本上；第三步，自己動手出題，想想自己如果是出題人會出甚麼題。"通常 24 個小時就能吃透一本書，然後在考場上大有斬獲。”

也是在那時，化學成為她最喜歡的學科。最怕的反而是一般來說女生擅長的語文。化學不像數學總是反覆計算公式，讓人生出枯燥之感；不像物理，雖然原理規律聽起來明白，但落到實處總有些似懂非懂。化學讓她有一種親切之感，她的比喻是“化學就像炒菜一樣”，這不是無感而發，而是源於生活的經驗。

鮑哲南讀初中時，有一段時間父母經常出差，家裏只有姐妹倆，放學回家後，她們就自己做晚餐，食材混合調味料在一起翻轉煎炒。化學也是一樣，那些複雜的化學分子，有機物和無機物混合在一起，奇妙的化學反應就像一鍋混在一起的菜，最後“出鍋”的是屬於化學家的“佳餚”。

1987 年，鮑哲南考入南京大學化學系，學校是她從小生活的地方，專業既是她喜歡的也是母親的專業，說來都是熟悉的環境，她也就如魚得水，更有興趣去做化學實驗。

有機化學實驗做得好不好，標準是“產量”：比如用一些起始分子，通過化學反應生成新分子，能生成多少，就叫做產量。如果產量沒達標，成績自然不及格。

第一次做實驗的鮑哲南緊張得手忙腳亂，要麼把燒瓶弄倒了，要麼把東西灑了出來，實驗結果也就達不到老師的要求。她自己總結經驗，怎麼才能把實驗做好。她說：“我發現如果事先把實驗步驟設想一遍，就像在大腦裏放電影一樣，想像我自己在做這個實驗，當我能夠設想出來的時候，我再去真正動手，我就可以做得非常好，得到很高的產量，比老師要求的還要高。”“這種成就感讓我覺得很開心。實驗成不成功，有一個確定的數值，你要達到甚至超過它。你會很清楚你有沒有成功。這讓我對自己也更有信心，做實驗，我是可以做好的。"

母親看到了她對化學的興趣，決定幫個小忙。大二的某一天，她和母親在教學樓裏遇見了薛奇教授，20 世紀 80 年代薛教授在美國取得了高分子化學博士學位，回國後在南京大學所做的關於導電高分子的實驗研究正是當時國內最前沿的領域。

母親幫她問薛教授："如果哲南能跟着您做一點兒實驗研究就好了。"

"好啊，我很願意。"薛教授爽快地答應了。

這成為鮑哲南步入高分子化學殿堂的契機。大二這一年暑假，她進入了薛教授的實驗室，這本來可能是研究生才有的機會。在實驗室第一次接觸高分子化學實驗，她就被深深吸引了。鮑哲南回憶道："我記得第一次接觸高分子的化學材料，實驗結果產生了一個黏稠的東西，我就覺得好奇怪，去挑它一下，可以拉起來很長的絲，去碰碰它或者拉拉它，感覺就像它有反應一樣。它並不是麵粉或者像鹽一樣呆板的東西，它會對你有反應，這還蠻有意思的。化學在我眼前不再是抽象概念，我發現通過實驗，可以把材料變成不同的形狀或者做出一個新的東西。"

創造一種全新的、見所未見的產物，這是她眼中化學的魅力。

20 世紀 80 年代起，留學熱席捲中國，一批批年輕人跨越重洋追尋新知。在大三這一年，鮑哲南和姐姐決定出國，她們坐了 48 小時的綠皮火車從南京到廣州辦簽證，決定要去看看外面的世界。

工廠女孩

第一站是芝加哥。母親陪着兩個女兒出國後，很快返回了國內，兩姐妹獨自留在了這座異域城市。芝加哥位於美國中西部，是五大湖區最大的城市，有着優美的湖景，世界著名的芝加哥大學和西北大學分置城市兩端。

出了國當然要繼續讀書，但作為來自中國的窮學生，首先要解決的是生存問題，她們決定一邊打工一邊複習準備考試。芝加哥不同於南京，沒有車就寸步難行，所以到美國的第一步必須先學車，姐妹倆請了一個教練，每人上路練習了 4 個小時，就算培訓結束，考取了駕照。說來膽大，在車水馬龍的大都會，兩個新手輪流開車回公寓倒也一切順利，只是到家停車的時候，姐姐錯把油門當剎車，結果一下子撞到牆上，新車的車頭就癟了。

對鮑哲南來說，美國是全新的環境，一切與國內不同，她既有些害怕也興奮好奇。所謂打工，也可以看作對異國的探險。她做過好幾種工作：和姐姐一起在工廠做流水線工人，裝訂檢驗 24 格的文件夾；在超市做裝袋工；英語水平提高後，還做過圖書館整理員。在打工之餘，她們還得準備考試，白天工作，熬夜看書，如今想來，那也是一段忙碌又開心的日子，她們真的在異國他鄉實現了獨立。對於剛剛 20 歲的年輕人，這大概是最值得稱道的成績。

鮑哲南超強的考試能力也開始大放異彩。由於大三時就出國，她沒有本科文憑，但僅僅只複習了幾十天，她就在美國研究生入學考試中取得了高分，直接被芝加哥大學破格錄取為博士生。眾所周知，芝加哥大學是常年排名世界前十的頂級名校。

在芝加哥大學，鮑哲南依然選擇了化學。華裔高分子化學家于魯平教授成為她的導師："于老師是很文縐縐的學者，比較安靜、斯文，話不多。但是他非常細緻，非常關心學生。我進他的課題組的時候，雖然之前在中國做過一個多月的研究，但時間太短了，還不清楚到底甚麼是科學研究，而其他同學至少有半年到一年的經驗。當時我對研究一點兒都不懂，于老師非常耐心地對我從零教起，教到我能夠做自己的實驗、有自己的想法、寫自己的文章。"

鮑哲南回憶說，剛進入芝加哥大學時，她經歷了一段困難的適應期。當時在美國雖然已經一年，日常交流沒有問題，但是學術語言非常有限。走進實驗室，好多實驗工具，雖然知道它們的中文名字，但連最簡單的燒瓶或者燒杯的英文都反應不過來。更難的是，她還沒有讀完本科，有些基礎課還沒有學，一到美國就接觸更高深的研究生課程，很多基礎知識不完整，進了實驗室捉襟見肘，自然感覺特別難，一開始考試也就考不好，這是屬於她的艱難時刻。

鮑哲南唯有更刻苦地學習才能跟上進度。一週五天，除了上課，她都待在實驗室，從上午 9 點一直待到晚上 10 點，週末至少也會有一天去實驗室。化學實驗不是光憑聰明或者悟性就能做成功的，大量的時間投入必不可少，不同的實驗方法都需要時間去嘗試，然後才能看到結果，這是聰明勁兒和笨功夫的結合。

而週末剩下的一天，鮑哲南會在宿舍做好接下來整整一週的午餐和晚餐。她喜歡做豆腐乾燒肉、滷蛋燒肉，都是南京的家常菜，簡單又好吃。她會燒一大鍋放進冰箱，上學的時候每天裝兩個飯盒，就是午餐和晚餐。她以這樣的方法苦中作樂，以最高的效率將最多的時間投入學習。

鮑哲南並不將那時遭遇的困難視為挫折："我一般不太把困難看作挫折，因為困難總是會遇到的，生活、學習中會有很多困難，但是它們不一定變成挫折。我們可以用自己的信念去克服，可能只是原先的想法或者做法遇到障礙了，可以想一想有沒有其他的路跨過去，可不可以從學習方式、思考方式上去解決。這樣去看待困難的時候，就覺得沒有甚麼叫做失敗或者挫折，往前看，這條路不通再從其他的路走。"

　　鮑哲南走通了屬於自己的路，1995 年，剛剛 25 歲的她成功取得了芝加哥大學化學博士學位（見圖 6-3）。

圖 6-3　20 世紀 90 年代，移民芝加哥的鮑哲南（鮑哲南 供圖）

發現時刻

鮑哲南面臨新的選擇：是繼續留在學界做學術，還是去工業界，用自己的知識參與最前沿的工業創新。兩個機會都向她發出了邀請：加州大學伯克利分校接收她去做博士後，貝爾實驗室則在與她見面的第二天就邀請她成為正式的研究員。

她選擇了貝爾實驗室，其中一個原因是，她一直讀書，突然有一個進入企業界工作的機會，出於新鮮和好奇，她也想試一試。另一個更深層的原因是，她一直對科學研究將如何真正影響人類的生活感興趣，進入與實業界緊密聯繫的貝爾實驗室，大概可以收穫更直接的經驗。

貝爾實驗室是全世界工業實驗室的傑出代表，從 1925 年開始運作，截至 2009 年，已先後有 13 位科學家獲得諾貝爾獎。該實驗室一共推出了 3 萬多項專利，包括電視、數字計算機、激光器等重大發明，大大改變了 20 世紀以來人類的生活。

"去貝爾實驗室讓我意識到既可以做非常深奧的研究，同時又不脫離實際的應用。實際應用可以成為更深、更新的科學研究的啟發。"鮑哲南說，這是她在貝爾實驗室學到的，科學與實際應用要相結合，"如果知道哪一個應用可以改變人類的生活，可以改變世界，其實是一個非常好的方式，讓科學家能夠創造新的知識，創造新的科學。"

這當然是更大的雄心，"這也是我做科學的方式，我所做的必須基於最新的理念，所發明的必須是他人從來沒有想到過的。把它做成之後，我們的生活可以完全被改變"。

而這種可能改變人類生活的研究方向，需要鮑哲南自己去尋找。她還記得剛剛加入貝爾實驗室的那一天，領導只是給了她辦公室和實驗室的鑰匙，告訴她："這是你的鑰匙，你去跟別人談談，看看你想做甚麼，自己決定。"鮑哲南花了兩週和同事們聊天，看看他們分別在做甚麼、為甚麼做、意義在哪兒。

正是在這樣的求索中，她確定了未來的方向 —— 有機半導體晶體管，她覺得自己在高分子化學方面的知識正好可以有所應用。傳統的半導體是用無機體矽製作而成的，隨着科技發展，科學家製作的矽制晶體管越來越小，但最終依然有一個極限，這時候要再實現突破就需要半導體材質上的全新應用，這在鮑哲南看來，也就是新一代的有機半導體。

"電子工業的開端是貝爾實驗室發明了晶體管，發現了可以用矽來做晶體管的材料。"鮑哲南這麼解釋當初的思路，"但矽就像玻璃一樣易碎。現在，芯片可以做到 7 納米，約為人類頭髮直徑的萬分之一，如果再縮小，就是原子級了，幾乎已達到物理極限。電子工業如果有新的突破，我們所用的電子材料就要完全改變。"

1996 年鮑哲南加入貝爾實驗室時，所謂的手機還是磚頭一樣大小的"大哥大"，蘋果電腦還是笨拙的電視機大小，但她當時已經有一個想法，未來的電子設備將越來越小、越來越輕薄，20 年後的智能機全面屏依然不是終點，比如電子設備能不能像一張攤開的紙？可以像印刷一樣打印製造的電子紙。

"我覺得這個設想非常令人興奮，而且在科學上會有很大的新的創造餘地，可以嘗試很多新的設想。"鮑哲南說，傳統的以矽為材質的半導體不能達到這樣的要求，作為聚合物的塑料倒是可以，但塑料導電性很差，能不能通過高分子化學改變材質的特性實現這一點呢？

這是直接着眼於未來的設想，在 20 多年前不可謂不超前，它不是當時熱門的研究領域，大概就與過於超前有關。鮑哲南的想法是，找到一種特別的分子結構，首先看它能否達到導電性的要求，如果達不到但有潛力，再嘗試改變分子結構。

一般來說，化學家關心的是怎麼合成分子，而分子具備怎樣的電子性能屬於跨學科的物理知識，這就逼着她首先要補課，補關於物理和電子學方面的知識，學懂了之後才能設計出到底怎樣的分子結構能達成特定的電子學要求。但世界上人類已知或者合成的分子結構數以億計，要從中選出適合的基本分子結構無異於大海撈針。當時互聯網也不發達，為了查詢，只能去圖書館查看不同的分子結構，找很久以前的文件和檔案，這又是必不可少的笨功夫。

鮑哲南說："我根據自己對半導體物理的理解刻意地去設計一些結構，選出我覺得最有可能成功的，先去做實驗，看會不會得到很好的電學性質。若得不到，研究為甚麼，改變它的分子設計再去測試，這樣子不停地來回，使我們的理解越來越豐富。所以，雖然可能的分子結構有成千上萬，但是最後嘗試的時候只有幾個，從中就能找到一個非常好的。"

加入不到一年，鮑哲南就首次提出高導電高分子半導體材料的分子設計理念，並製成世界上第一款全印刷塑料電子電路。4 年之後，跨入新世紀的這一年，鮑哲南發明了世界上第一張有機半導體材料驅動的柔性電子紙，未來在她手中慢慢成形。一年後，她成為貝爾實驗室的傑出研究員。

斯坦福歲月

2004 年，鮑哲南決定離開貝爾實驗室，去斯坦福大學任教。

"在貝爾實驗室做了 8 年，發現自己還是對基礎科學研究有興趣，不是為了做產品而做產品，而是喜歡一些新的科學發現，去創造新的事物，但在工業界，畢竟是由股票市場來決定公司要做哪些方向的，要有利潤。所以，我還是很難做長期的基礎研究。"鮑哲南說，她已經發明了第一張有機半導體材料驅動的柔性電子紙，雖然離產業化還很遠，但可以看到工業界在朝着這個方向前進，這種"確定"的未來已經不能滿足她，她希望自己的研究可以着眼於更長遠、更開闊的下一個領域。她已經"超前"過了，現在要的是讓研究更往前一步。

也是偶然之中，鮑哲南在校園內碰見了一位機械系的教授，對方當時發明了一個蟑螂機器人，能夠以非常快的速度爬牆，極具科幻感。但教授告訴她，自己的研究遇到了麻煩，蟑螂爬牆靠的是機械手上的小鈎子鈎住牆面，但爬到頂的時候，機械手沒有感知，鈎子鈎到空處，每次都會笨拙地掉下來。

如果機器人的手有感覺就好了，教授這麼說。

"我一聽，覺得這很有意思。"鮑哲南找到了研究的靈感，"機器人不能像人手那樣去感知。我想柔性電子在這個方面可以做一些貢獻，想要做出能模擬人手觸覺的傳感器。"

她和學生很快有了突破，做出了一款像人手一樣靈敏的傳感器。鮑哲南由此有了新的想法：如果把電子器件做得不僅有像人手一樣的觸覺，還兼具皮膚的其他特性，比如拉伸性、自修復性、生物降解性，就可以完全改變未來電子產品的功能（見圖 6-4）。

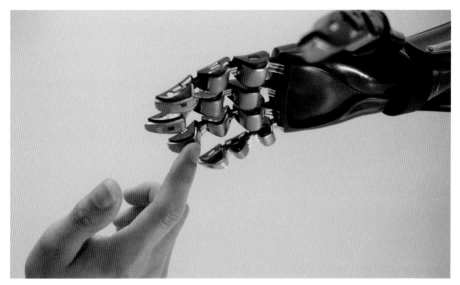

圖 6-4　機器人不能像人手那樣去感知的難題讓鮑哲南找到了研究靈感，進而希望做出像人的皮膚一樣的電子器件。面對這個跨學科難題，鮑哲南沒有知難而退，反而更加興奮（斯坦福大學鮑哲南教授科研團隊 供圖）

　　"就有這樣一個靈感，將來的電子器件就像人的皮膚一樣。"鮑哲南說，這就比柔性電子紙更超前了一步，不僅輕薄可拉伸，還真的具有人類皮膚的功能。它不但可以貼在機器人身上，讓機器人具有像人類一樣靈敏的皮膚觸覺，還可以進一步安置在人體上，比如一旦假肢上也有這樣的電子皮膚，那麼對殘疾人來說不就相當於再生了肢體嗎？

這當然遠遠超出了當下科技的發展水平，但現在做不到，不代表將來不行。對鮑哲南來說，其中的困難與其說是挑戰，不如說為她指明瞭方向。

　　從某種程度上說，人類的觸覺比視覺、聽覺還要複雜，人體皮膚雖只有薄薄一層，卻集成了上千種類、上百萬個"感受器"來追蹤不同類型的壓力，不僅能感受靜態壓力和動態壓力、壓力的方向和大小，還能感受疼痛、溫度、硬度和濕度，而這些被"感受器"追蹤的"感覺"還能通過神經將信號傳導給大腦，形成複雜的通路。

　　簡單來說，電子皮膚由敏感度極高的電子感應器組成，當感應器連成一片時，就形成了"皮膚"。工作也因此可以分成兩大方面：首先找到新的材料，讓基於此的電子器件具有皮膚的形態，可以靈敏測量複雜的壓力、溫度等，其次要使測量所形成的信號能被人腦識別。

　　這已經超出單純高分子化學的學科範疇，而是涉及物理學、電子學、機械工程、神經科學、生物工程等的跨學科難題。但鮑哲南並沒有"知難而退"，反而更加興奮。在斯坦福大學，她有意將自己的研究團隊打造為一個跨學科的平台。作為化學工程系的教授，她招收了大量背景各異的博士生和博士後，既有學機械的也有學神經科學的，以求不同學科能在"人造皮膚"這個最終目標的指引下碰撞出創新的火花。

　　"我們的目標是做出像人類皮膚一樣的電子皮膚，它有各種不同的功能，是一個系統級的研究，需要不同背景的研究人員，比如材料設計、材料合成、材料工藝處理、電機和生物工程等。"鮑哲南說，"如果以人的皮膚作為啓發，我們的思維就會有更多的創造力，不是局限於現在已有的電子器件的功能和模式去思考，而是用生物模擬的方式思考，這樣就會有一些平常意想不到的想法。"

在斯坦福大學的十幾年中，鮑哲南一刻不停地朝着心中的想法努力。她開發了前所未有的構成電子皮膚的基礎材質：一種高導電性、類似生物組織的水凝膠 —— 導電水凝膠，然後開發了另一種基礎材質 —— 可拉伸的高分子半導體材料，接着是可自修復的、可生物降解的半導體材料。

2010 年，她發明了一種比人的皮膚還靈敏的壓力感應器，由聚二甲基矽氧烷（PDMS）構成的彈性物質，具有超強靈敏度，可以感知"一顆大麥、一小粒食鹽、一隻蝴蝶造成的壓力"。

2015 年，鮑哲南及其團隊在《科學》雜誌發文，宣告他們成功研發了一種新的人造皮膚，接近人體皮膚觸覺的真實機制，可以將皮膚接收的信號轉換為大腦可讀的電信號。

2018 年，他們又取得了新的突破：成功研發可量產的高密度、高靈敏度、可拉伸晶體管陣列（陣列的集合體就是人造皮膚），平均每平方厘米就有 347 個晶體管，分辨率達到每 0.5 毫米 1 個傳感器。當晶體管陣列像一片創可貼一樣黏在佩戴者身上時，佩戴者沒有任何不適，感覺像是"第二層皮膚"（見圖 6-5）。

同年，鮑哲南與合作團隊宣佈聯合研發出一種人造感覺神經，能夠以類似於生物神經的方式發揮作用，感受方向、傳遞信息和識別盲文。在進一步的實驗中，把人造神經元的一個電極插入蟑螂腿後，來自人造神經元的信號能引起蟑螂腿部肌肉的收縮。

一步步地，鮑哲南慢慢走在接近心中未來的路上。

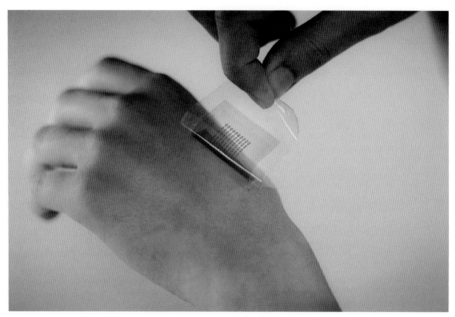

圖 6-5　鮑哲南認為人造皮膚將改變人們未來的生活
（斯坦福大學鮑哲南教授科研團隊 供圖）

憑藉在"人造皮膚"領域的傑出成就，鮑哲南躋身世界頂級科學家之列：
2015 年，她被選為《自然》雜誌年度科學界十大人物；2016 年，當選美國國家
工程院院士；2017 年，獲得"世界傑出女科學家獎"。

科學之外

在斯坦福大學，同事和學生眼中的鮑哲南擁有多種特質 —— 勤奮、超強

的學習能力以及好脾氣。

在工作日，她每天清晨 5 點起牀開始工作，看論文或者處理郵件。她總是走路去學校，既是鍛煉身體又是放鬆，北京大學教授雷霆曾在斯坦福大學跟隨鮑哲南做博士後研究。他說，鮑教授即使走路也在打電話處理工作，或與學生商談未來打算。到了學校，事務自然繁忙。作為化學工程系系主任、可穿戴電子中心創始人和主任，鮑哲南既要做科研又要上課，還有大量的行政工作需要處理，但她依然會投入時間與學生交流（見圖 6-6 和圖 6-7）。

圖 6-6　鮑哲南為學生做報告（鮑哲南 供圖）

圖 6-7　鮑哲南在工作中（鮑哲南 供圖）

　　黃卓筠曾在美國蘋果公司工作一年，後來決定跟隨鮑哲南讀博士。她說鮑教授總是以鼓勵的態度和她面對面交流，幫助她選擇科研方向，有時她都不知道教授是怎麼做到每天那麼忙依然可以擠出大量時間和學生溝通的：要麼清晨5 點，要麼半夜 12 點，學生們還能收到鮑哲南的郵件。

　　她的勤奮似乎與天賦裏超強的精力融合了，學生們半是驚訝半是佩服地說，老師具有不用倒時差的能力。作為世界知名的科學家，鮑哲南常年飛赴世界各地參加學術會議，而她剛下飛機就能立刻開始工作。

　　超強的學習能力與電子皮膚研究的跨學科特性有關。如前文所述，高分子結構的導電性屬於電子學，而皮膚質感又與仿生學有關聯，電子皮膚與大腦的聯結當然又屬於神經科學，要讓電子皮膚能正常工作，對電池的研究必不可少……這麼多的學科交叉，術業有專攻，化學教授鮑哲南自然不可能是所有學科的專家，她作為研究團隊的主理人，一方面要看大量其他專業的論文，汲取知識，另一方面要向合作者學習或與有着不同專業背景的學生一同學習，不是"不恥下問"，而是真正學術同儕間的平等交流，這讓鮑哲南可以做到融會貫通。

這當然也與她的好脾氣有關。學生們都知道，鮑哲南不喜與人爭論，她覺得不如用實驗結果去證實假設。她總以平等的心態與人交流，欣賞他人的優點，包容對方的缺點。

2016 年被《麻省理工科技評論》評為全球 35 歲以下年度創新 35 人之一、現任美國伊利諾伊大學厄巴納–香檳分校副教授的刁瑩 2011—2014 年就跟隨鮑哲南做博士後研究。刁瑩的博士專業本來是藥物結晶，但聽過鮑哲南一場關於柔性電子的講座後，刁瑩產生了跟隨她學習的願望。"第一次見面的時候，她已經很有名了。我在見面的地方等她，看見她一路跑步過來，擔心我在那邊浪費時間等她。"刁瑩說，這給了她很深的印象，"她非常隨和，雖然只是第一次見面，但我感到她一心想着學生。"

鮑哲南對學生真誠的關心大概與童年時目睹父母對自己學生的愛護有關。她每週會專門騰出幾個時間段放在課題組的日曆上，這樣學生們就知道她甚麼時候有空，可以來找她。無論是科研困惑還是生活疑難，她都願意力所能及地幫助他們。每年 6 月學生結業前，她都會在家裏辦聚會，邀請已畢業和未畢業的學生們參加，促進他們之間的交流，參與的學生都說那是一種大家庭的感覺。

　　在學術界和工業界，鮑哲南都有深厚的資源，她也願意將之無私地分享給學生。刁瑩說，博士後研究後期，老師將一個珍貴的學術會議的機會交給了她，她要上台做學術報告，在場的多是專業領域的領軍人物，像她這樣還沒有教職的不過兩個人。對於一個想在學界立足的新人，參與這種學術會議的重要性怎麼說都不過分。為了讓她能更好地發揮，在報告之前，鮑哲南還會帶着她排演，給她設計 "punch line"（點睛之筆）的建議。當時刁瑩信心不足，做報告的聲音不自覺地低下去，會議室外人聲嘈雜，看見她的緊張，鮑哲南以一個微小的動作給了她支持 —— 她不動聲色走到門邊輕輕將門關上。

　　作為一位傑出的科學家，鮑哲南也以身體力行的方式教給學生們，特別是如她一般的女性，如何平衡工作與家庭。刁瑩說，如今她自己也要兩者兼顧，才知道要做到這一點多麼困難。能平衡好，簡直就像超人一樣：鮑哲南加入斯坦福大學準備向電子皮膚發起衝擊的時候，她也是一位懷着身孕的準媽媽。每天清晨，鮑哲南結束早起的工作後，7 點，她會給兩個孩子做早餐、準備午餐的飯盒，只要不出差，天天如此，這是她在繁忙的工作中能擠出的固定時間之一。她和家人約定，無論再忙，每年春假、暑假都要一起出遊，為了減少花在路上的時間，有時候出遊就與參加學術會議相結合。

　　"我覺得工作對我而言是一種追求，但家庭對我來說更重要。因為有工作，我不可能所有時間都和我的孩子在一起，所以我必須選擇和他們在一起的時間是效率最高的可以與他們互動的時間，比如早晨吃飯的時候，或是晚上與他們一起玩或做功課的時候。"作為一位科學家，鮑哲南也以一種"科學"的方式維護着自己的家庭，畢竟人生幸福莫不在此。

這大概是最幸福的狀態了，鮑哲南能以一種最純粹的狀態投身於自己奮鬥不息的科學事業：充滿創造、敢於冒險、不懼挑戰。

同為女性科學家的居里夫人說的話大概就是最好的註腳："實驗室裏的科學家也是一個被置於自然現象之前的孩子，這些自然現象給他留下的印象就像童話一樣"，"如果我看到我周圍有甚麼重要的東西，那就是那種似乎堅不可摧的、類似於好奇心的冒險精神"。

（文 / 張瑞）

科學精神內核

鮑哲南的父母都是南京大學的教授，經歷過動盪的歲月，尤其珍惜寶貴的科研機遇。從女兒兒時起，他們便注重培養她對世界的探索精神，後來這份好奇心和改變世界的雄心成了貫穿鮑哲南科研生涯的品質。

1990年，南京大學本科三年級的鮑哲南隨家人前往美國，一邊在工廠、超市打工，一邊準備美國研究生入學考試，並且因為成績優異直接進入芝加哥大學攻讀化學博士學位。那時，她不僅對科研沒有經驗，甚至連燒杯、燒瓶的英文名一時都反應不過來，唯有更刻苦地學習。

鮑哲南只用了不到4年半時間就拿到了博士學位，面對諸多機遇，她選擇進入著名的貝爾實驗室，因為她在那裏有機會用創造發明改變世界。加入不到一年，她就首次提出設計高導電高分子半導體材料的分子設計理念，並製成世界上第一款全印刷塑料電子電路。4年後，她發明了世界上第一張有機半導體材料驅動的柔性電子紙，改變未來生活的電子產品開始在她手中慢慢成形。從小時候的好奇心出發，她擁有了重塑人類生活的創造力。

7

顏寧

獨 屬 於 科 學 家 的 獎 賞

　　顏寧，結構生物學家，現任深圳醫學科學院（籌）創院院長、深圳灣實驗室主任（兼），美國國家科學院外籍院士、美國藝術與科學院外籍院士，1977 年 11 月生於山東章丘，本科畢業於清華大學。作為世界級結構生物學家，她在膜蛋白特別是跨膜轉運蛋白的研究上取得了一系列重大成果，曾獲國際蛋白質學會“青年科學家獎”、賽克勒國際生物物理獎、魏茲曼女性與科學獎，2016 年入選《自然》雜誌評選的“中國科學之星”。

激情

PASSION

沉浸

IMMERSION

雄心

AMBITION

友誼

FRIENDSHIP

勇氣

COURAGE

征服之後的暢快

2019 年 4 月 30 日，春光明媚的普林斯頓大學。臨近中午 11 點半，顏寧從睡夢中醒來，發現手機和郵箱被"祝賀""恭喜"的信息淹沒了。她握着手機愣了一會兒，完全不知道發生了甚麼。前一天，她像往常一樣工作到凌晨，學生和同事們都知道顏寧習慣在夜深人靜時"錯峯"工作，極度的安靜能夠令她不受干擾地沉浸在生物學的微觀世界裏。睡前，她為中午的教授午餐會訂了 11 點半的鬧鐘，結果短信和郵件比鬧鐘更早地讓她清醒過來：就在半小時前，美國國家科學院公佈，結構生物學家顏寧當選為美國國家科學院外籍院士。所有人都在祝賀她，而這位 42 歲的年輕教授在朋友圈後知後覺地發問：啥？一醒被賀傻了，甚麼事？

美國國家科學院有 150 多年的歷史，每年在世界各國評選出科學領域最傑出的代表、為人類科學事業做出了巨大貢獻的科學家，授予科學院院士稱號。

這個職位不接受申請，完全由現任院士發起提名，通過投票選舉產生。此前半個世紀，入選的中國大陸學者總共 21 人，其中包括楊振寧、華羅庚、袁隆平等。顏寧在結構生物學領域的成就是世界公認的，她獲得了國際上的多個獎項：國際蛋白質學會"青年科學家獎"、賽克勒國際生物物理獎、《自然》雜誌"中國科學之星"、魏茲曼女性與科學獎……

不過，與她在這個春日中午的反應一樣，對顏寧來說，發表論文、榮獲獎項永遠不是最令人興奮的時刻。從過去到現在，能讓她每天沉浸在實驗室 14~16 個小時的不是別的，完全源於她對分子世界非凡的好奇心，以及發自內心的對探索的強烈渴望（見圖 7-1）。

顏寧曾經帶的博士生殷平在多年以前就見證過一個這樣的時刻。那是 2009 年 9 月，他們的課題脫落酸受體結構正在攻堅階段，他和師弟師妹在實驗室值守，顏寧在隔壁自己的辦公室解結構。夜很深了，大家都很疲憊，就在這個時候，顏寧突然從辦公室跑了過來。"我們看到那個東西了，"她興奮地說，"光看到還只是一方面，關鍵是我們知道它為甚麼會起這個作用，我們是窺探這個世界奧祕的第一撥人！"

殷平深受震動。顏寧當時 32 歲，剛從普林斯頓大學回國兩年，師徒之間實際上算是同齡人。實驗室那時剛剛起步，脫落酸受體結構又是一個國際競爭相當激烈的項目。殷平是第一次做結構生物學的課題，每天擔心實驗做不好、進度趕不上，承受了不小的壓力。然而在那一刻，顏寧那種像小女孩一樣閃耀着的激動直抵他的內心，他第一次在科研中體會到如此程度的快樂。後來殷平也選擇了科研道路，成為一位年輕的結構生物學教授。他從未跟老師說過自己

圖 7-1　顏寧工作照（顏寧 供圖）

的選擇是否跟那天的感受有關，但他的確一直都記得那個夜晚。殷平說："確實很興奮，我聽她這樣講的時候，自己會感覺非常亢奮。我也會覺得做 science（自然科學）搞了半天，真正的奧妙或者奇妙之處就在這兒。"

顏寧從事的結構生物學是生命科學最基礎的研究領域之一。在生物學意義上，人體可以被看作一台自成系統的生化反應器，一個細胞就是一座生機勃勃的工廠，它們消耗能量和原料來生產各種不同的產品，主要是蛋白質，這種物質能執行幾乎所有重要的生理功能。以蛋白質為基本組成單位的各種分子機器分秒不停地運轉，維繫着我們的吃喝拉撒、生老病死，它們沒有智慧，但確實知道該做甚麼，並且效率極高。

正如要修理一輛汽車就必須了解它的每個零件有幾顆螺母、如何發揮作用，結構決定功能，對生物的一切了解也同樣基於結構。然而我們可以拆開一輛汽車研究它的零件，卻不可能用同樣的方法觀察動物和人，更何況分子世界的尺度實在是太小了。

人體內最大的細胞是成熟的卵細胞，它們的平均直徑是 0.1 毫米，人體最小的淋巴細胞直徑只有 6 微米（1 微米是千分之一毫米）。而那些在細胞內部和細胞膜上發揮重要功能的蛋白質，即使是最有想像力的人，恐怕也很難確切地描述它們的尺寸。我們只能通過科學家們來了解我們自己。這就是結構生物學家的工作：想辦法探尋那些對人類至關重要的小零件長甚麼樣、如何運轉。這是一門完全源於好奇心的科學，是人類想要破解關於自己的"源代碼"。想想吧，就像是一台計算機在沒有程序員指令的情況下開始對自己進行拆解、分析，這本身就是一個生物奇跡。

自 2007 年獨立領導實驗室以來，顏寧在核心學術期刊發表了近 80 篇科研論文，差不多每篇都意味着一個新發現。在她和她的團隊之前，世界上沒有任何人看到過那種叫 GLUT1 的膜蛋白是如何把我們賴以生存的葡萄糖運輸到細胞裏面的，也沒有人知道真核生物細胞膜上那些專門控制鈉離子和鈣離子通過、對神經傳遞和肌肉收縮等生理過程有重要作用的孔道是甚麼結構、如何發揮功效……

"你不想知道月球表面或者海底是甚麼樣的嗎？同樣，我就是想知道支撐我一切生命活動的這些生物分子長甚麼樣，更進一步看看它們是如何組裝在一起來完成包括呼吸、心跳、思維、做夢、生老病死等各種生命功能的。"顏寧說。

她與一位女性登山者有過一次交談，她問對方：你一座一座山去攀登，上癮嗎？登山者反問：你做科研，不是一樣嗎？

顏寧說："我想了想，一樣之處可能是征服之後的暢快。不同之處是，科研不希望知道山峯在那裏，也許科研更像探索太空。To know the unknown（探索未知）."

基礎科學是奇妙的、重要的，但與此同時，"基礎"二字也意味着與應用和大眾生活的距離。結構生物學起源於 20 世紀 50 年代，在不到 70 年的時間裏，至少有 30 個諾貝爾獎與結構生物學有關，但公眾熟知的只有一個：1953 年 2 月 28 日中午，劍橋大學的年輕科學家弗朗西斯·克里克和詹姆斯·沃森步入位於國王學院斜對面的老鷹酒吧，宣佈他們發現 DNA（脫氧核糖核酸）是由兩條核苷酸鏈組成的雙螺旋結構。

記者在採訪中常會問顏寧的一個問題是：您的研究有甚麼用處呢？

"我們現在做的確實很基礎，也許這一輩子都沒有用，但也許過多少年就有用了。就比如'波粒二象性'這麼基本的東西，最開始也沒有人去想它有甚麼用啊，但是到現在為止，多少應用都是跟它有關係的。"顏寧說，"真正做科研的時候，我其實就是覺得這個東西很好玩、很神奇，大家不知道這是怎麼一回事兒，我想把它弄明白。混混沌沌地活着和很清楚地活着是兩種不同的概唸吧？我們做的是結構生物學，很多時候是直接'看到'它，這是第一步。你想，有多少機會能讓你變成世界上獨一無二知道一件事情的人？"

閨密

回憶兒時，人們往往難以分辨某段記憶究竟是真實發生過，還是源於自己的想像。時間會讓大腦漸漸變得不可靠。不過顏寧至今都很確定，她的確清晰地記得初中第一次從生物課本上知道"細胞"這個概念時自己的心理活動：盯着書本，想像着自己如果能獲得《西遊記》中最喜歡的角色美猴王的超能力——72變，那麼她要變得無限小，小到能鑽進人的身體裏，鑽進組成人體的每個更小的細胞裏，去看看裏面到底在發生甚麼，是不是有一個微型宇宙。

那是一個小女孩一閃即逝的幻想。10歲出頭的顏寧當然想不到自己日後會成為世界上最出色的結構生物學家之一，將探尋生命在分子尺度上的奧祕當作畢生追求的事業。但不得不說，有些東西或許在很早的時候就已經初露端倪：只有極少一部分人天生就懷有對事物純粹、天真的好奇心。這是一種非常寶貴的天分，如果你想要成為一個科學家，它甚至比數學、物理或者化學這些"知識"重要得多。

事實上，在 2000 年 8 月去普林斯頓大學讀博士研究生以前，顏寧並不僅僅對生命科學感興趣，更確切地說，她對生命科學的興趣尚未明顯地超越其他事物。世界上有趣的事情太多了，它們平分秋色地吸引着顏寧的注意力。放學回家後，她總是聽廣播到黃昏，等到天色完全黑下來，會一邊看窗外的星空一邊思索"宇宙到底有沒有邊"之類的問題。她喜歡古詩詞，好奇古人的遣詞造句出典何處。她成日捧着一本豆綠色封面的《成語詞典》逐條翻看，順便把整本詞典背了下來，那是她高中時期樂此不疲的"課間遊戲"。

顏寧也跟許多女孩一樣喜歡明星八卦。基於做會計的母親一直以來"做一件事就要做到最好"的教育，她相當認真地考慮過未來做一名娛樂記者。可惜的是，這個計劃還沒來得及邁出第一步就被迫宣告流產。在顏寧念高中的 20 世紀 90 年代初，中國社會對科學技術的崇拜達到頂峯，人們堅定地認為最聰明的孩子就應該去學習最能體現人類聰明才智、最能為國家創造實際價值的知識 ——"學好數理化，走遍天下都不怕"。顏寧的成績是年級第一，班主任老師堅決不放她去文科班。

顏寧接受了安排。她的性格一點兒都不乖順，恰恰相反，這麼做唯一的理由是她本能地不願給自己設置界限。下一次類似的情形出現在她考上清華大學的時候，因為舅舅是醫生，父母都很希望她學醫，但她害怕解剖。生物和醫學看上去挺接近的，又因為她聽說"21 世紀是生命科學的世紀"，於是她選擇了生物系。

顏寧說：“到現在為止，我決定的是我不做甚麼。其他東西我很好奇，都很想去試一試。”這個簡單的原則一直在她人生的重要關口發揮着作用。她從來不喜歡做長期計劃，就像她總是掛在嘴邊的：“計劃趕不上變化。”“每個人的人生都是與眾不同的，每個人必須為自己做主，並為自己的任何決定負全責。”

1996 年秋，顏寧為清華大學生物科學與技術系的一名新生，按清華的傳統編號稱“六字班”。大學裏，她一如既往過得自在，游泳、打乒乓球、戰勝“五字班”的師兄成功當選系學生會主席，做了系刊的主編，還組織師弟師妹採訪老師。更重要的是，她在這裏結識了一輩對自己影響很深的好朋友，包括她至今引為至交的閨密李一諾。

李一諾是顏寧的同班同學，兩人的友誼源起大一暑假，因為各懷心事都沒有回家的兩個女孩在打飯的路上碰見，在蟬鳴聲中相互傾訴了彼此的祕密。相熟之後，她們發現彼此既相似又不同，相似的是兩人至情至性、不在意旁人評說的個性，不同在於，用李一諾的話說，自己是“無趣地奔前程”，而顏寧是“有趣地沒前途”。

李一諾是山東省的保送生，自小聰明優秀，對自己未來的規劃相當有主見，想到甚麼便立即動手去做。顏寧樂得跟從她的計劃。好友用功，顏寧便也成了在自習室待到最晚的人。在李一諾的規劃下，兩人在大二就考完了師兄師姐們通常大三才會去考的托福和 GRE（美國研究生入學考試）。李一諾的爸爸在幫兩個女孩報名托福考試的時候錯將顏寧名字裏的 Ning 拼成了 Nieng，導致顏寧後來只好用這個名字申請學校。李一諾知道後笑說，等你以後成功了，這名字肯定好，"因為叫 Ning Yan 的肯定一大堆，但 Nieng Yan 只有你一個"。十年之後，一語成真。

顏寧吸收了好友的執行力和嚴謹，李一諾則吸收了顏寧浪漫的一面，她在顏寧的鼓動下開始惡補從來沒讀過的金庸小說，看從來沒看過的"花邊電影"，半夜在校園裏遊蕩，按照顏寧給的"尋寶地圖"尋找一盤錄音帶。那是顏寧送她的生日禮物，裏面錄了很多顏寧想對自己說的話。10 年之後，李一諾作為分子生物學博士畢業於加州大學洛杉磯分校，進入麥肯錫諮詢公司工作，迅速成為全球董事合夥人。一位她們共同的老師在知道兩人的發展後非常驚訝，對李一諾說，他原本以為會是反過來的：李一諾會成為"靠譜的科學家"，而顏寧會成為"一個每天胡說八道的商界人士"。或許朋友就能起到這樣的作用：讓你發現更多面的自己。

大四伊始，李一諾聯繫了諾和諾德中國研發中心寫畢業論文，於是顏寧也在那年深秋毫不猶豫地申請了諾和諾德公司實驗室的實習職位。那是她第一次正經地接觸科學研究，那段經歷讓她得出了兩個結論：第一，她喜歡做實驗，這是一件讓人快樂的事；第二，她討厭公司朝九晚五刻板的節奏，尤其不喜歡複雜的人際關係。公司天然屬性導致的階層劃分使得研究人員不能對自己的項目負責到底，因為一旦公司計劃有變，即使你的項目再有趣，也存在被砍掉的風險。顏寧認為："我覺得在實驗室才能找到我想要的自由。"

顏寧決定走出去，去更廣闊的地方看一看。恰逢當時在普林斯頓大學做分子生物學系助理教授的施一公到清華大學做報告，顏寧那天生病沒去聽，同寢室的同學回來興高采烈地談論施老師的研究多麼有趣、普林斯頓大學如何優秀。施一公是 1985 年清華大學生物系復系之後的首屆本科畢業生，也是當年結構生物學界備受矚目的新星，博士後工作尚未完成便被普林斯頓大學聘用。2000 年，也就是顏寧本科畢業那年，施一公負責面試申請普林斯頓大學的亞洲學生。顏寧給施一公寫了一封英文郵件，清晰地陳述了自己的能力優勢、過往經歷和未來想法之後，在郵件的結尾寫道："我覺得自己各方面的能力都很出色，我希望把時間花在更有價值的地方。但申請出國太浪費時間和金錢了，如果普林斯頓大學錄取我，我就不用再花精力申請別的學校了。"

"你終於會做實驗了"

顏寧是在一個清爽的傍晚到達普林斯頓大學的。從大巴車上下來，她看到眼前居然出現了一座城堡。兩棵巨大的雪松姿容挺拔，螢火蟲的光亮星星點點、若有若無地在她身邊盤旋，樹下有人在彈吉他，歌聲飄散在夏末清涼的晚風中。她只花一秒就確定了自己喜歡這個地方。那一刻她當然想不到，接下來，她將在這裏度過後來被她自己描述為"暗無天日"的兩年。

或許是因為跳脫的性格和發散的思維方式，顏寧最開始並不適應實驗室的節奏。有時她會在無意間犯一些小錯，更多的時候似乎所有步驟都是對的，所有設計看上去都合理，但不知道出於甚麼原因，實驗就是沒有結果。

她所在的實驗室當時的主攻方向是細胞凋亡的分子調控機制。凋亡就是細胞的程序性死亡，是我們的身體聰慧地清除多餘細胞的過程，就像在變成青蛙的過程中，蝌蚪的尾巴會漸漸自動消失。細胞凋亡的異常是癌症發生的重要指標之一。揭示細胞凋亡的分子機理不僅可以加深對基本生命過程的了解，還能夠為開發新型抗癌藥物提供重要靶點和線索。這是當時領域內的熱門研究方向，只是說一說都足夠讓人激動。一年多的時間很快過去，實驗室的其他同伴紛紛取得成果，已經有同年級的同學在國際頂級的學術期刊《細胞》上發表論文，顏寧卻是“甚麼都做不出來”。她感覺自己被卡住了。

除此之外，普林斯頓大學的確是完美的學校。在這座歷史悠久、風景如畫的小鎮，給他們上課的老師大多是老教授，許多經典論文和課本知識都出自他們之手，科學發現講起來就像歷史故事般引人入勝。課堂上沒有教材，老師帶着學生一篇一篇地研究經典論文，告訴他們“任何經典的 paper（論文），你都可以找出它的瑕疵”。無論多年輕的學生都被當作 young scientist（年輕的科學家），他們受到充分的尊重，從來不怕跟導師或系裏的教授產生學術爭論。本質上，科學就是反常識的、永遠在革命的。“權威”的概念在顏寧心中越來越淡。她聰明又勤奮，沉澱了許多對於一個科學家至關重要的特質，但此刻還缺少一點兒後來被她稱為“科學直覺”的東西，信心也還在路上尋找她。

“直覺”是一種令人神往卻又難以捉摸的技能，尤其是對結構生物學來說，在以 X 射線晶體衍射為主要研究手段的年代，科學家們想要看到一個結構大體需要三個步驟（見表 7-1）：第一，在體外培養出性質穩定的蛋白質；第二，創造合適的反應條件，使蛋白質長成足夠大、質量足夠好的晶體；第三，通過 X 射線衍射觀察晶體，回收數據，解析出三維結構。第二步“結晶”是公認最困難的環節，如何尋找合適的結晶條件，全憑科學家的設計和經驗。很多時候你可能得從一萬條路當中找到正確的那一條，那麼如何才能預知哪條路可以最有效地解決問題呢？毫無疑問，有些直覺是可以習得的。這就是為甚麼結構生物學的學生被要求進行大量的實驗訓練。通過這種方式，他們開始獲知哪些方法可行、哪些不可行，與此同時，這也增強了他們解決問題的具體技能。

表 7-1

在以 X 射線晶體衍射為主要研究手段的年代，科學家們看到一個結構大體需要三個步驟。	
1	在體外培養出性質穩定的蛋白質。
2	創造合適的反應條件，使蛋白質長成足夠大、質量足夠好的晶體。
3	通過 X 射線衍射觀察晶體，回收數據，解析出三維結構。

顏寧開始天天泡在實驗室。只要手頭沒有實驗，她就在一邊默默觀察實驗室其他成員的操作。導師施一公做實驗可謂賞心悅目，似乎每個步驟都已經印在他的腦海裏，一旦開始便行雲流水，一氣呵成。她仔仔細細地看着，記下來：施老師換移液器槍頭的時候總是按特定的順序，連給標籤紙折角都有特定的方法。他對顏寧說，這些看起來微不足道的"小手腳"都是為了避免瞬間分心可能造成的失誤，有時，很可能是一個甚至連你自己都沒意識到的小失誤導致整個實驗前功盡棄。顏寧記住了導師的這句話："不是我們實驗做得快，而是我們犯的錯誤少，彎路走得少。"

她也喜歡看師姐吳嘉煒做實驗。師姐是整個實驗室作息最規律的人，工作量卻不比任何一個人少，甚至更多。她的工作台永遠條理清晰，做完實驗立即收拾得乾乾淨淨。師姐告訴她，自己每天晚上睡前都在頭腦裏預演一遍第二天要做的實驗，包括可能出錯的環節和細節。這也慢慢成了顏寧的習慣。

顏寧還經常觀察實驗室年紀最大的師兄、施一公的得意門生柴繼傑。柴繼傑只比施老師小一歲，考進實驗室讀博之前在丹東的一家造紙廠工作，完全沒有受過科學訓練。他極其聰明，也許是因為非科班出身少了許多條框限制，實驗中常有出人意表的想法，不按常理出牌，甚至會自創一些 protocol（實驗流程）。顏寧說：“後來，當我的經驗積累得多了，我不由得感慨，可不是嗎，生物學研究裏哪裏有這麼多的常理？所謂 protocol，不過都是經驗的積累。只迷信別人的經驗，又怎麼能創新？”必須承認，有些方面的直覺是無法傳授的。經過長時間的積累和內化，這些直覺才能自己生長，在特定的時間和地點與特定的頭腦碰撞。

　　2003 年 1 月 11 日，顏寧在無數個場合提到過這個日子。那一天，在普林斯頓大學，她獨立設計、完成了一個極為複雜的生化實驗。極少直接夸人的施一公第一次熱烈地表揚了她：你終於會做實驗了。

選最難的那個

　　很多時候，顏寧覺得不是她選擇了科研，而是科研選擇了她。

　　說不清為甚麼，那天之後，在沒有任何外界壓力的情況下，她的身心完全沉浸在了實驗當中。她主動接下了實驗室的好幾個“硬骨頭”，越挑戰越興奮，沉迷在那些巧奪天工、精巧無比的分子機器當中。她迷上了晶體們。結晶簡直是一門藝術，它們在偏振光下就像五顏六色的鑽石，有的輕巧若羽毛，有的狀如廢墟上拔地而起的高樓，還有的長成鳳凰羽翼的樣子，彷彿馬上就要涅槃重生。它們像鑽石一樣美，不，它們比鑽石更美。"你看我們這個晶體，英文叫crystal，水晶的英文也叫 crystal，這個 crystal 可比那個 crystal 要貴很多很多呀。"顏寧說。

完成難度最大的結晶步驟之後，晶體需要被送去同步輻射實驗室進行X 射線衍射。距離普林斯頓大學最近的同步輻射實驗室位於長島，車程大約兩個半小時。有半年時間，顏寧在同步攻堅調控細胞凋亡的兩個重要蛋白質CED-4 和 CED-9，平均每兩週就要跑一次長島。由於使用需求頻繁，正常申請的上機時間不夠用，她總是見縫插針地申請在線站維護的時間去收數據，也就是晚上 11 點到早上 7 點。

於是，每隔兩週都會有那麼一天，顏寧在下午出發，沿着公路開兩個半小時車抵達長島，把後備厢裏的顯微鏡、裝有晶體的泡沫塑料箱、工具箱、零食袋子連同一架三層小推車一起，一樣一樣搬到同步輻射實驗室的線站。接着她會去附近一家名叫"喜福會"的中餐館吃晚飯，到臨時宿舍睡上兩個小時，然後在晚上 11 點準時出現在長島的實驗室裏，"精神抖擻地開始持續 8 個小時的實驗"。她在那些日子裏養成了在深夜工作的習慣，直到現在還保持着這樣的作息。同事和學生們都知道，顏寧是"在中國過美國時間，在美國過中國時間"，她常常晚上 10 點出現在實驗室，神采奕奕地跟準備離開的學生打招呼。

在那半年，顏寧往返長島 20 餘次，絕大多數時間都是一個人。她很少感到孤獨，也從未覺得有甚麼事情是自己不能處理的，"壓根兒沒覺得因為是女生，體力可能不足，會不會有安全問題啊"。有一次，顏寧正好跟師弟一起去做實驗，遇到大塞車，旁邊的一輛大貨車刮花了她的車門。她從來沒遇到過這種事，打電話給導師施一公求援。施一公在電話裏問：你們人都沒事吧？哦，那就好，趕緊開車上路吧，你車裏的晶體可比你的車貴重多了。顏寧開的是剛買不到一年的新車，之所以不像大部分同學一樣買二手車，是因為她願意多花一點兒錢來省下很可能會耗費的維修舊車的時間。但在那個時刻，她"發自內心地覺得他老人家說得很對"，比起為了晶體所付出的心力，一輛車真的算不了甚麼。顏寧說："那一刻我前所未有地明白，所謂價值，在於你最看重的是啥，與金錢無關。"

至此，科研超越其他事物，成了顏寧生命中不可或缺的東西。她把自己的好奇心全部投入，而科研回報給她世界的奧妙、成就感和美。她感受到充盈的信心，實驗順風順水，沒有甚麼能再阻擋她。攻讀博士學位期間（見圖 7-2），她研究的是線蟲和果蠅中控制細胞凋亡的通路，闡明了該通路的生物化學基礎，因此獲得了 2005 年由《科學》雜誌和美國科學促進會評選的北美地區"青年科學家獎"。這一獎項專門用來獎勵最優秀的生命科學博士畢業論文，在全球範圍內每年只有 5 人入選。

到了博士後研究階段，顏寧的思路已經轉向要去挑戰最難的課題，過世界上最大的關。2004 年，施一公決定轉型做膜蛋白結構研究，實驗室的很多同門都感到壓力很大。眾所周知，膜蛋白極為特殊的性質讓它們成為最難被觀測的一類蛋白質。膜蛋白數量龐大，是很多基礎生命活動的重要承擔者，在 FDA（美國食品藥品監督管理局）批準的上市藥物中有一半以上以膜蛋白為作用目標。人類在 1957 年就獲得了歷史上的第一個蛋白質結構，然而直到 1985 年，也就是 28 年後，人類才第一次看到膜蛋白的三維結構。科學家們不懈攻堅，

圖 7-2　2004 年，27 歲的顏寧在普林斯頓大學獲博士學位（顏寧 供圖）

至今對它知之甚少。"打關嘛，"得知實驗室的轉型方向後，顏寧心想，"玩兒膜蛋白最難，那我就去做這個。"

她發現，不知道從哪天開始，自己的生活好像真的跟科研完全扭在了一起。"我就發現除了 research（研究），很少有讓我喜怒哀樂這麼重的事情了。"一年半以後，她做出了實驗室的第一個膜蛋白結構。

一招斃命

2006 年年底，趁博士後研究課題告一段落，顏寧回到北京看望父母，順便去清華大學探望了自己曾經的系主任趙南明，趙老師幫她寫過推薦信。

"你的科研怎麼樣呀？在《自然》雜誌發論文了嗎？"見了面，趙老師問她。

"我發了呀。"顏寧挺驕傲地說。

"那你想回來做教授嗎？"

"可以啊。"顏寧以為老師在開玩笑，嘻嘻哈哈地回答。

趙南明沒有開玩笑，10 天後，顏寧在清華大學醫學院通過面試，30 歲的她成為清華大學最年輕的教授（見圖 7-3）。

在那個年代，國內的生物學研究環境跟國外一流大學相比還有不小的差距。像顏寧這樣已經嶄露頭角、被學術界關注的年輕科學家通常很容易在全球條件最好的實驗室找到一份教職，接着穩步上升，直到拿到終身教職，前途是看得見的。而在這個時候選擇回國從頭建立實驗室，則意味着極大的不確

圖 7-3　顏寧在清華大學授課（顏寧 供圖）

定性。許多人都對顏寧的選擇感到詫異。事實上，顏寧只是在一如既往地做自己——一個“計劃趕不上變化”的冒險家。她的心氣讓她對一些同行頗有微詞，認為他們不該把自己的才能耗費在一些細枝末節、為前人添磚加瓦的研究上。她要研究最重要的問題——那些能拓展人類認知的問題，“穩步上升”並不是她所在意的。

顏寧在清華大學帶的最早的一批學生直到今天都感到幸運。那時實驗室剛剛成立，尚未形成“老帶新”的完整鏈條，每個實驗都是顏寧先做一遍，然後看着學生們再做一遍，指出其中的問題。顏寧喜歡穿帽衫和牛仔褲，頭髮綁成馬尾辮，看起來跟學生沒甚麼兩樣。在課題最緊張的階段，這位“小師傅”每天晚上都在實驗室裏跟學生們一起做實驗。大家平時換移液器槍頭時，習慣了看到哪個就換哪個，但顏寧說不行，這樣容易犯錯，要嚴格按照順序，這樣萬一多加或少加了溶液就可以從槍頭的多少判斷問題出在了哪兒。顏寧把最枯燥的點晶體環節變成了跟學生的比賽，她會在取得速度優勢的時候得意地揚起下巴，炫耀說：“姐姐我用了不到一天時間就做出了你們三天的工作，我覺得你們還沒有出師啊！”碰到學生跟她爭論學術問題，顏寧會格外開心。“她永遠都這樣，”一位博士生回憶，“永遠說甚麼時候你能把她說服了，她就覺得自己帶出了一個真正的博士。”當然，這種時候並不多。大多數爭論還是以顏寧的“勝利”告終。

2007—2011 年，短短 4 年時間，顏寧帶領團隊解析出了 5 個膜蛋白結構，科研成果在 2009 年和 2012 年兩次被美國《科學》雜誌評選的年度“十大科學進展”引用。這在業界幾乎是不可能的成就。一位師兄曾經驚訝地問她，為甚麼你們做東西這麼快？顏寧的答案很簡單："無他，就是避免走彎路。不論學生有多聰明、多用功，經驗教訓總是比不上你的。他自己磕磕絆絆地折騰半天，也許你和他一起工作幾分鐘就幫他繞開了陷阱。"

到 2013 年，實驗室已經運轉流暢，培養了幾年的學生們也都跟着團隊在核心期刊發了論文，不再有畢業壓力。顏寧感到自己已經做好準備，她停止了那幾個用來給實驗室"練手"的研究方向，開始專攻膜蛋白領域的明珠 —— 人源葡萄糖轉運蛋白 GLUT1。有同事勸阻她，說她這樣做是在冒險，更何況之前的幾個方向看上去前景光明，未來有很好的應用潛力，不接着做實在太可惜了。

就連顏寧自己團隊的博士生鄧東也認為導師做了不明智的決定，他跟顏寧為此爭論了很長時間。在鄧東看來，人源葡萄糖轉運蛋白是前輩們努力了 50年都沒有做出來的結構，他們應該更保守一點兒，先從昆蟲的同源蛋白做起。他當時已經拿到一個昆蟲的葡萄糖轉運蛋白，並且成功讓蛋白長成了晶體，只差最後的一步 —— X 射線衍射，成功看起來近在眼前。

然而這一次，一向歡迎"頂撞"的顏寧堅決地否決了學生的提議。她完全理解鄧東的想法，先做同源蛋白，結構解析最難的三道關，他已經過了兩道，而要直接攻克 GULT1 則要重新從第一關打起。顏寧認為："從我這兒來說，就是這一道關過去了，你就直接登頂珠穆朗瑪峯了，而你那三道關過去了，也才到 6 000 米高的地方。"有能力登上珠穆朗瑪峯的人不應該去爬玉龍雪山。

顏寧對鄧東說，你已經做到了這個程度，不缺一兩篇發表在《自然》或者《科學》上的論文，我不在乎，你也不應該那麼在乎。你現在有時間、有精力，還有財力去做一件事情，為甚麼要去做次等的事，而不是最重要的事？就直接一招斃命，拼了！

後來有學生告訴顏寧，師兄那天從她辦公室出來是"綠着臉走的"。他回到實驗室就跟師弟師妹們感歎，我們選擇了一條不歸路啊，可能得四五年才看得到結果。

鄧東如今也做了教授，依舊在從事結構生物學方面的工作。關於是否展開對 GLUT1 研究的爭論，他現在談起來都非常佩服顏寧的果敢。

2014 年 6 月 5 日，國際頂尖的自然科學期刊《自然》發表了顏寧團隊解析出的人源葡萄糖轉運蛋白 GLUT1 的結構。諾貝爾化學獎得主布萊恩·克比爾卡將這項成果評價為"偉大的成就"，他對《自然》雜誌說："至今獲得的哺乳動物膜蛋白的結構寥寥無幾，但要針對人類疾病開發藥物，獲得人源葡萄糖轉運蛋白結構至關重要。"美國國家科學院院士、加州大學洛杉磯分校教授羅納德·卡巴克表示，學術界對 GLUT1 的結構研究已有半個世紀之久，從某種程度上說，顏寧"戰勝了過去 50 年從事其結構研究的所有科學家"。

在憑藉"對包括具有里程碑意義的人源葡萄糖轉運蛋白 GLUT1 在內的關鍵膜蛋白的結構生物學研究做出突出貢獻"斬獲賽克勒國際生物物理獎後，顏寧的成果在主流媒體上引發了轟動。她看上去變成了一個公眾人物，雖然她本人並不在意，依舊在微博上我行我素、自由自在。

反倒是好友李一諾看不過千篇一律、枯燥的報道，在自己的微信公眾號"奴隸社會"上回憶了兩人的友誼。"好像做科學就得繃着、端着、冷冰冰地嚴肅着，"她在文中寫道，"其實科學家也是人，而且越是優秀的科學家越是有意思的人。"在她的眼中，顏寧的天真純粹一如既往。

此時的李一諾也已經回到國內，她辭去麥肯錫的工作，自願降薪三分之二成為蓋茨基金會北京代表處的首席代表，渴望解決更大的問題。她還在北京創辦了一所小學，致力於為孩子們提供個性化的教育。顏寧為她感到驕傲。這麼多年過去，兩個人同樣都還在追求那點兒"與眾不同"。在長久的友誼中，她們依舊不斷在贏得彼此新的尊重。

無限的祕密

差不多就在顏寧自己的研究取得突破的同一時段，結構生物學領域也正在經歷一場鉅變。2013 年起，冷凍電子顯微鏡技術取得了革命性的進步，單顆粒技術使得生物大分子複合體的結構可以直接用冷凍電子顯微鏡進行解析，並且分辨率達到了空前的原子級。也就是說，結構生物學家們不用再辛辛苦苦地想辦法獲取結晶了。如果結構生物學是一座山峯，冷凍電子顯微鏡的進步就像是為其建了索道，讓山峯變得更容易攀登。

2015—2017 年，顏寧運用冷凍電子顯微鏡技術陸續解析出電壓門控鈉離子通道和鈣離子通道的結構（見圖 7-4）。這些通道控制着神經之間電信號傳遞、肌肉收縮等一系列重要的生理活動，從理論上說甚至比葡萄糖轉運蛋白更重要，然而顏寧明顯感到了幸福感的下降。雖然它們很重要，獲得的關注度也很高，但是當遊戲變得太簡單時，這對一個受好奇心和成就感驅動的玩家來說就沒那麼好玩了。

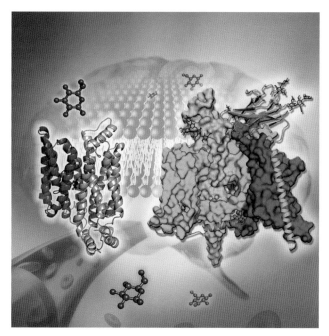

圖 7-4　顏寧的代表性研究 —— 鈉離子通道（右）和 GLUT1 效果圖（左）（顏寧 供圖）

2017 年，快要步入不惑之年的顏寧離開了工作 10 年的清華大學，接受了另一所母校普林斯頓大學的邀請。與 10 多年前回國一樣，這個決定再次引起軒然大波。不過這次那個曾勸她不要太冒險的同事完全理解她的選擇，他們這時已經成為好友，他知道顏寧就是這樣的人。與外界的複雜猜想全然無關，顏寧只是想換一個全新的環境突破自己。

"她想要去檢驗她自己的邊界在甚麼地方，"那位好友在一次採訪中說，"這種慾望也是她想要去幹科研這類事情的一個很重要的動力。我覺得這是一個很了不起的出發點。"

做生命科學研究久了，顏寧時常會產生一種卑微感。10 歲時，她就曾望着窗外的星空思考人活一世的意義：既然太陽系總有一天會毀滅，不論貧富賢愚，到頭來這一身難逃那一日，那人類熙熙攘攘、利來利往所為何來？這個問題，她至今也沒有確切的答案。生命的出現讓地球上的物質轉換突然加速，創造出地球上原本不存在的大量物質，那麼生命的本質又是甚麼？再往下將會怎樣？人類創造了文化、藝術，但從生命的角度來講跟動物並無本質區別。人類發明的機器沒有一種能精巧過我們細胞之中的分子機器。與自然造物相比，人類是很卑微的。

但是沒有關係，對她而言，真正的樂趣在於理解這個世界，在於親自發現某種東西，並讓它為人所共知。知道這個世界還有無限的祕密等待着被發現，她就可以像初中第一次在生物書上知道 "細胞" 的那個時刻一樣，興致勃勃地去探索，去不斷突破。

這是獨屬於科學家的獎賞。

（文 / 關琪）

名詞解釋

1. 葡萄糖是人體能量的主要來源，只有進入細胞才能被人體利用。因為葡萄糖親水，而細胞膜是疏水的脂質雙層結構，所以葡萄糖必須藉助細胞膜上的葡萄糖轉運蛋白（GLUT）才能進入細胞，實現人體對葡萄糖的攝入。

人體共有 14 種葡萄糖轉運蛋白，在這 14 種 GLUT 中，GLUT1、2、3、4 這 4 種蛋白負責最基本的生理功能，研究最廣泛，其中 GLUT1 因發現最早而得名。GLUT1 幾乎存在於人體每個細胞中，是紅細胞和血腦屏障等上皮細胞的主要葡萄糖轉運蛋白，對維持血糖濃度的穩定和大腦供能起關鍵作用，與糖尿病、癌症等疾病密切相關。20 世紀 80 年代起，獲取 GLUT1 的三維結構就是結構生物學領域最令人期待的突破之一。

2. 對鈉、鈣等對人體至關重要的離子來說，細胞膜是不可滲透的，必須通過細胞膜上的跨膜蛋白才能進出細胞。電壓門控離子通道就像是細胞膜上供各種離子通過的大門，它們改變細胞膜上的電位，以此調節通道的打開或關閉。調節的同時，細胞膜內外兩側會因離子濃度的改變而產生電信號，與肌肉收縮、神經信號傳遞等重要的生理活動密切相關。鈉離子通道和鈣離子通道是諸多國際大製藥公司研究的重要靶點，它們的異常會導致痛覺失常、癲癇、心律失常等一系列神經和心血管疾病，其結構受到學術界和製藥界的共同關注。

科學精神內核

2000 年，不滿 23 歲的顏寧如願進入普林斯頓大學，師從施一公教授。其後兩年，她卻意外過上了"暗無天日"的日子：不僅課業辛苦，在最重要的實驗環節，顏寧竟然卡住了，同伴們紛紛出成果，她卻"甚麼都做不出來"。

她不斷地觀察、學習，一次次的失敗後從頭開始，終於在一個冬夜獨立完成了一個極為複雜的實驗。導師施一公毫不吝嗇地讚美：你終於會做實驗了。自那之後，顏寧完全沉浸在實驗裏，沉迷在那些巧奪天工、精巧無比的分子機器當中，科研成了她生命中不可或缺的東西，很少再有其他事情能帶給她同等程度的喜怒哀樂。

這便是一個科學家所能體會到的最純粹的東西：投入好奇心，科學會回報給你奧妙、成就感和美。這一切驅使、吸引着顏寧朝着一個個分子生物學的重大課題前行，過程自然充滿艱辛，但也充滿了純真的愉悅之情。

8

許晨陽

天 才 的 責 任

許晨陽，數學家，普林斯頓大學數學系教授，1981 年生於重慶，被保送進入北京大學數學科學學院，2008 年獲得普林斯頓大學數學博士學位。他的主要研究方向為代數幾何，運用極小模型綱領解決了 "K-穩定性猜想"，被譽為數學界 "冉冉升起的新星"。他曾獲 2016 年的拉馬努金獎，並且是唯一入選龐加萊講座教席的中國青年數學家。2020 年 11 月，美國數學會將 2021 年度弗蘭克·尼爾森·科爾代數獎授予許晨陽，他是第一位獲得該獎的中國人。

天賦

TALENT

純粹

PURITY

求索

QUEST

叛逆

REBELLION

自我懷疑

在美國東北部，繁華喧鬧的紐約和歷史悠久的費城之間，藏着一個幽靜安謐的鄉間小城 —— 普林斯頓。小城的東南有一片超過 300 年歷史的建築羣，高大的雪松和城堡的尖頂在此相互掩映。每當夏夜降臨，這裏就浮現出新鮮柔嫩的生機：晚風和暖，月色清澈，螢火蟲盤旋在林間，青年們有的在街頭彈唱，有的在路邊嬉笑，有的則行色匆匆地為尋求和拓展知識而奔波，這就是美國頂尖學府普林斯頓大學的所在地。

普林斯頓大學的院系、研究所和學生宿舍穿插點綴在城市的街道間，與整座城市融為一體。這裏沒有現代化的產業基地，也沒有琳琅滿目的娛樂場所。每當夜幕降臨，學生們下了課，小城就也跟着睡去，透出一份閒適寧靜。

但在普林斯頓大學夜晚的寧靜中，在臨着校賽艇隊的訓練場地、鋼鐵大王卡內基捐贈的人工湖旁，有一幢樓徹夜燈火通明，與周圍格格不入，這就是世界上最負盛名的普林斯頓大學數學系的教研樓。

即使到深夜，這棟樓裏也會聚集着一羣數學博士，他們秉持着數學系執拗而高傲的傳統：來到這世界上最好的數學系，就應當做獨創性的研究、取得世界級的突破。這傳統肇始於 70 多年前的系主任、俄羅斯人列夫謝茨，他充沛的精力、隨意的衣着和工廠事故中留下的木頭假手奠定了這棟樓自由肆意、激情飛揚的風格，也開創了普林斯頓大學數學系不重視考試、鼓勵創新的教學傳統。他的名言直到 30 年後還被數學系的第一位華人系主任、拓撲學大師項武忠引用："普林斯頓大學要把研究生扔到河裏，能自己游過去的就是博士。"

2007 年，許晨陽就是這諸多"游泳的研究生"中的一員，博士三年級在讀的他在凌晨兩點來到鋪滿松木地板的茶室時，至少有 10 名數學博士坐在那裏，他們眉頭緊鎖，房間裏氣氛凝重。沒有人交談，除了他們自己，也沒人知道他們到底在想甚麼。許晨陽回到自己的座位上，他研究的問題已經停滯了快一年，毫無進展。這是他人生中第一次開始懷疑自己也許並不適合做數學家。

許晨陽的心氣怎麼能容許這種事情發生？剛到普林斯頓大學的時候，他對系裏的一些教授頗有微詞，並非因為那些人對他有所輕慢，而是看到頂尖數學家正從事着一些細枝末節的研究，他氣憤於他們平白地浪費着自己的才華。許晨陽認為："普林斯頓大學的教授就要把精力放在最核心、最重要的問題上。"

數學有高下之分，許晨陽在 23 歲就清楚地感受到了這一點。那時他還在北大讀研，正在思考如何規劃博士學業，每天去圖書館了解代數幾何的現代知識。這一天，一本《雙有理幾何學》吸引了他。這本書是森重文和亞諾什·科拉爾在 20 世紀 80 年代合著的作品，講述高維空間中無法想像的形體經過一種叫做"雙有理映射"的變換後變得光滑，以及如何研究這一光滑形體的問題。剛看完了第一章，許晨陽就感到"石破天驚"：在那之前的 50 年裏，雙有理幾何這一分支一直陷入停滯，數學家們單是知道雙有理幾何裏還有奧妙，卻無法向前一步。森重文和科拉爾等人的工作直接吹散了籠罩在整個領域上空的迷霧，露出萬頃沃野，等待後來人的開發與探索。

　　許晨陽內心的激情逐漸鼓脹起來 —— 科拉爾就在他申請讀博的普林斯頓大學工作，可以找他做自己的導師。但這個選擇是要冒風險的：科拉爾出了名的嚴厲，從他手下畢業不簡單，而且森重文和科拉爾的著作已經出版 20 年，大發展的時機已過，雙有理幾何又陷入了一片茫然。但茫然何不是另一種時機呢？森重文和科拉爾魔術般的工作吸引着許晨陽，數學界的重大發現彷彿萬丈高樓平地起。他躊躇了幾日，最終下定決心：就找科拉爾做自己的導師（見圖 8-1）。

　　4 年前豪氣非凡的決定引領着許晨陽走到了這一步。在教室裏和一同求學的博士們痛苦地思考着也不能算是失敗，他已經展現了自己在雙有理幾何領域卓越的天賦，博二時藉助領域內的突破證明了導師科拉爾提出的猜想。即使正在思考的問題得不出答案，只要在剩下的一年裏轉去做一些小的成果，博士研究生畢業是不難的，獲得導師的推薦、在頂級研究所謀得一個博士後職位也不難，但他需要看得比碩士在讀的時候更長遠一些：畢業遠不是終點，他得做出好的成果，謀取一個教職，才能安靜地做研究，延長自己的數學生命。

　　想成為數學家，要在頂尖的數學頭腦裏做到萬里挑一，許晨陽能嗎？

圖 8-1　2009 年，許晨陽 (右一) 與博士生導師亞諾什‧科拉爾 (左一) 在一起 (許晨陽 供圖)

一天有 25 個小時

　　如此自我懷疑對許晨陽來說還是第一次。小時候，他懷疑的主要是外面的世界 —— 教師、制度和權威，他曾經仗着一股年輕氣盛的正義勁兒，非得跟他們"對着幹"。

　　許晨陽讀中學時老是捱罵，關鍵問題就出在搬家上，他本來住得離學校挺遠的，上學要坐公交車，父親為了他上學方便，搬到離學校近了些的地方，騎車 25 分鐘就能趕到教室。離得近了,當然要好好利用優勢儘量睡好,騎車快慢自如,起牀晚的話騎快點兒就是了。種種因素疊加,許晨陽反倒常常遲到。

當他急匆匆地騎車拐進同心路,騎過居民樓、餃子館、火鍋店和棋牌室,進入成都九中的大門,穿過兩排高大的銀杏樹停在主教學樓前的時候,早自習往往已經開始。九中對紀律抓得很嚴,那時老師總因為這一點責難許晨陽,但他不知悔改,換句話說,他覺得遲到基本上是小事,比起對老師俯首帖耳,他更相信自己的判斷。

成都九中現在已改名為樹德中學,在知名校友的榜單上,從全國首富、中科院院士、四川省原副省長到北京電影製片廠廠長,遍佈各行各業。它地處成都市中心,是響噹噹的老牌名校,能考上這裏的學生大多是驕傲中伴着慶幸,成為他們中的一員意味着大概率能考上不錯的大學,有一份體面的工作,未來不用為生活奔波操勞。但許晨陽顯然不是圖平靜安穩的學生,他不願意妥協,總要堅守自己的價值觀,甚至會在課堂上乾脆地質問老師:"你為甚麼總是偏向女生?"

社會生活的規範並不能管束住許晨陽,中學時他跟人打架,還抽菸,跟父親吵架吵到離家出走。他長大後回想起這些事情,覺得挺幼稚的,但小時候這樣做全都出於真情實感。還好他喜歡讀書,考高分不太費力,老師們對於他的越軌行為尚可容忍。

高中三年從頭到尾,他都穩穩當當地處在能考上清華北大的名次裏,他甚至從來不聽理科的課,至於數學課,他乾脆連作業都不寫,但考試還是幾乎次次滿分,搞得老師覺得影響太壞,免了他的數學課代表職務。

許晨陽愛好廣泛，那些不用寫的作業和一下子就能寫完的作業給他省下了時間。他知道家附近每家書店的位置，沿着街七拐八拐，就能鑽到哲學和藝術的書架前，閱讀那些難懂但讓人肅然起敬的哲學著作。十幾年後，他還會回想起少年時那種激動的感覺：“就像與整個人類的知識相連接。”他常在書店看書到很晚，還會把所有看得上的書都買回家。多年之後，他的這種愛好成了他過人天賦的又一爆炸性佐證。高中老師在上課時會調侃學生們：“你們上課看課外書看的都是甚麼？人家許晨陽看的是黑格爾的著作！”

看了黑格爾的很多著作並沒能讓許晨陽找到人生的方向，反而讓他多少感到有些迷茫，他也像個普通高中男生那樣打籃球、踢足球，但他想要更多，想深入自己在哲學中窺見一斑的那個抽象世界，卻沒人能和他同行。他也上數學競賽班 —— 所有數學好的學生都會去，許晨陽也就試着聽聽，他能做出來那些題，它們有點兒意思，但不怎麼吸引人。覺得無聊的時候，他就逃課去踢球。

當許晨陽後來再回想起中學時那種漫無目的的尋找、缺乏同路人的孤獨時，他覺得那種輕飄飄的感覺不過是青春期普遍存在的躁動情緒的一部分。但不得不承認，他在普林斯頓大學研究數學，即使思考已經陷入困頓多時，即使晝伏夜出、長年累月地避免社交，他仍然感到充實且有動力。

是對數學的愛給了他生活的方向。

至少他的同學們也跟他一樣苦苦掙扎着，他們在思考數學問題的間際也討論過這個問題：為甚麼數學系的人會晝伏夜出？有一部分原因是逃避社交 —— 這當然不過是一種託詞，沒人能跟正在思考數學的人社交，他們的靈魂不在人間，而在數學的殿堂裏。要從審美的角度說，大概是因為數學太簡潔了，當數學家看到人類，想起他們帶來的"麻煩"時，就忍不住想躲起來。另一部分源自數學的自由，自由的思考掙脫了時間和空間的束縛，讓他們忘記飢餓和疲勞，晚飯就在茶歇處吃一塊冷的三明治，到了該休息的時候也不捨得將思考的線頭就此截斷，於是總在拖拉中打亂了作息。"數學系的學生一天有25個小時，"許晨陽和他的同學們最終得出了這樣的結論，"所以每個月裏有一半時間早睡早起，另一半時間晝伏夜出。"

那些與數學相依為命的夜晚並沒有很快地給許晨陽帶來好運，在毫無頭緒的困頓中，數學對於他漸漸變得像一份工作：他下午到教研樓，思考到凌晨，度過早已習慣的、沒有進展的一天，直到早上5點校游泳館開門，他游完泳，讓全身的肌肉都放鬆下來，趁整個城市還在睡夢中時獨自逃回房間，推開門倒頭就睡。

許晨陽這樣捱過了一年，然後到了博四，面臨畢業的壓力，為了有足夠的論文拿到學位，他轉而去做一些容易出成果的研究。儘管創造性較弱，但也不輕鬆，同樣要花上很多個不眠夜同問題的細節糾纏，最後得到的卻是一些早有預感的結論。

許晨陽雖然拿到了博士學位，但那種面對重大發現時的激動和興奮消失了，他感到憤怒，就跟4年前剛到學校時對那些陷入舒適區的教授的憤怒一樣，他對自己做出的無關緊要的結果嗤之以鼻。在畢業前夕，許晨陽給父親打電話，告訴他不要來美國，因為自己肯定不會參加畢業典禮，他甚至連學位服都沒有領。博士畢業論文答辯的第二天，他飛去了歐洲，旁聽了一些數學會議，更多的是散心，他想暫時遠離在普林斯頓大學感受到的"挫敗"。

假期過後，許晨陽在麻省理工學院找到了博士後的工作。他其實還買了金融類的書帶回家，想着實在不行就轉行，金融界總是很歡迎學數學出身的人。但他自始至終沒翻開那些書——一頁都沒看，他的心受到責任的煎熬："對我個人來講，我認為自己應負的責任就是要做好的、純粹的、對得起自己的數學。"

在讀博士後的時候，許晨陽常常與另一位年輕的數學家通電話，他的名字叫劉若川，是許晨陽本科時的同學、碩士時的同門。他倆本科時曾一起討論代數幾何中的問題，畢業後去了不同的學校、研究不同的方向，聯繫漸漸減少，沒想到 4 年後，做數學的苦惱將他們重新連接。每天，當許晨陽下午趕往研究所時，遠在法國的劉若川時間已近凌晨，他們在路上通電話，談及博士生涯中如影隨形的挫敗，以及自己應對它們的方法。他們互相鼓勵，相信彼此都能渡過難關——兩人對數學抱有幾乎同等深厚的愛，用劉若川的話說："數學不拋棄我，我就一定不拋棄數學。"

那些漫長的跨國電話鼓勵了這兩名痛苦的博士後，協助他們重新回歸數學事業。許晨陽給自己定下的目標是最多讀兩個博士後（這可能是兩年，也可能是十年），再找不到教職就放棄數學。而劉若川的經歷更坎坷，在法國的博士後工作結束後，他去了加拿大，在找到教職之前還輾轉去美國工作了一段時間。

在許晨陽博士後生涯的第一年，他把自打博二起就困擾着他的問題簡化到了無法再推動的地步，和從前的導師科拉爾約了時間，希望能藉助他的智慧取得突破。科拉爾聽完許晨陽的敘述後稍加思考就肯定地告訴他："你的猜想是錯的，這個問題不可能做出來。"許晨陽由此終於從博士階段的夢魘中醒轉過來。博士後生涯給了他全新的機會，他需要重新出發，在麻省理工學院再一次證明自己。

數學系在麻省理工學院的東南部，位於以老校長命名的草地公園基裏安庭院的東側，緊鄰橫貫劍橋市的查爾斯河。這是一處穩重古樸的三層建築，教室是溫馨的暖色調，靠講台的那一側是半圓形，被三塊黑板圍着。麻省理工學院佔據了馬薩諸塞州劍橋市的中心，與哈佛大學並肩而立。在這裏，許晨陽開始授課，這是博士後的責任之一，教學讓他不得不面對研究領域之外的知識，其中有一些在他看來相當基礎。他還要為學生答疑、參與學校的日常工作，這些讓他不得不與人交往。許晨陽沒法再擁有 "25 個小時" 的一天，他早睡早起，從思考的泥潭中被拔了出來。許晨陽說，這讓他成為 "學術上的成年人"。

他開始花更多的時間學習數學領域的其他知識，也反思自己的學術生涯是不是太過鑽牛角尖，是不是選擇了錯誤的方向、偏離了數學研究的主流，導致工作陷入了長久的停頓。

許晨陽回到了博二時思考過的領域 —— 極小模型綱領在高維上的應用，在那裏，他第一次做出漂亮的結果。這一領域有三大支柱問題，其中有限生成性和充沛猜想問題尚未得到解決，直覺告訴許晨陽，下一個突破很可能就在此間發生，現在需要的只是更新的、跨領域的數學工具。

漂亮公式

2011 年，在第一份博士後工作結束後，許晨陽開闢了新的研究領域 —— 微分幾何中的流形度量問題，該領域中一個重要的猜想 "K-穩定性猜想" 來自許晨陽的碩士生導師——中國科學院院士、美國國家科學院院士、北大原副校長田剛。

許晨陽本科畢業那年，田剛才回到北大不久。在基礎薄弱的中國數學界，這名麻省理工學院教授、菲爾茲獎首位華人得主丘成桐的弟子代表着國際數學界的頂尖水平，以及中國數學研究發展的新可能。人們對他的歸來寄予厚望。趕巧的是，田剛院士回國時，北大數學科學學院恰巧迎來了十幾年來最聰明、最勤奮的一批學生，首先證明他們能力的就是捷報頻傳的國際數學奧林匹克競賽。

遠遠看上去，國際數學奧林匹克競賽的賽場就像奧林匹克運動會上的某個競技項目：國旗、教練、選手、統一的比賽服，來自近百個國家的數百名選手坐在體育場內。與競技體育最大的區別是，數學奧林匹克競賽的選手都是高中生，沒有健美的身材，甚至大多戴着眼鏡、舉止拘束。選手們被分在 6 塊考場，身邊坐着來自不同國家、說不同語言、有着不同膚色的對手，眼前的書桌上鋪着的卷紙只有 3 道題，而給他們的答題時間足足 4.5 個小時。這是世界上最難的數學考試之一——它集中了全球數學水平最高的高中生，持續兩天，每道題 7 分，滿分 42 分，拿到十幾分就能進入參賽選手的前 50%，並得到組委會頒發的獎牌。1999—2002 年，中國在國際數學奧林匹克競賽的賽場上連奪四冠，其中 2000 年以來，三屆比賽中有四人獲得滿分，人們開始自豪地討論奧數，彷彿它是奧運會上的跳水和乒乓球項目，中國的隊員在賽前就已經立於不敗之地。

1999 年冬，劉若川在羅馬尼亞舉辦的國際數學奧林匹克競賽中拿下了 35

分，排名中國第二，獲得了金牌，被保送進入北大。許晨陽原本也有機會站上這個賽場 —— 假如他沒因為覺得考試無聊就翹了國家集訓隊的課程，跑去首師大的校園裏溜達。

1998 年秋，在把別人用來聽課和做作業的時間都用來研究數學競賽之後，許晨陽在當年四川省的高中數學聯賽上考了第七名，進入了北大數學冬令營。這對他來講是個意外之喜，進了冬令營就算是拿到了保送北大的資格，原本緊張地等待着高考審判、剛上高三的許晨陽一下子解放了。在北大數學冬令營，許晨陽這輩子第一次見到這麼多和自己差不多聰明的同齡人，也是第一次聽北大教授現場講課。他受了很大鼓舞，在從全國選拔的 130 多個數學天才少年裏考進了前 20，進了國家集訓隊。

但他沒想到，國家隊集訓就是關在首都師範大學裏天天考試。他們 30 個人每天過着宿舍—教室—食堂三點一線的生活，奇數日整天上課，偶數日整天考試。許晨陽天天對着首都師範大學的白牆和白色電教講台，向往自由的心又萌動起來。他憋得難受，想着反正也被保送北大了，就偷偷翹課跑出去，在校園裏溜達。

但還有相當一部分學生在國家集訓隊裏做題做得興致高昂，比如許晨陽的北大學弟惲之瑋，2000 年參加國際數學奧林匹克競賽以滿分拿下金牌，還有肖梁、袁新意……那是數學人才輩出的幾年。這些學生打一開始進入大學，教授們就意識到，他們很可能會成為中國數學界未來的頂樑柱。學生們也沒讓這希望落空，班上有十幾人從北大畢業後前往世界各個頂級數學系生根發芽，在 21 世紀前 10 年先後取得重要成果，成為一批具有國際影響力的數學家。外界稱他們為"北大數學黃金一代"。

假如你坐地鐵前往北大，一出站，你就會被基礎科學的殿堂包圍：在中關村北大街東側，隔着成府路相望的是物理學院和化學與分子工程學院；進了校門，右手是生命科學學院，左手是數學科學學院。基礎科學是北大學科建設最自豪的成果，每年夏天，從各學科國家集訓隊和冬令營選拔的保送生大多會聚齊於此。其中，北大數學科學學院又是各基礎科學院系裏優勢最大的，"北大數學黃金一代"的每名成員在這裏都是一個傳奇。

在知乎上經常能看到北大數學科學學院的學生抱怨：某老師出卷太難，期中考平均 30 多分，幾乎人人都掛科。但對惲之瑋來說並不存在配得上"難"字的考試，他上學時對自己的要求是"如果我學完一門課還有習題做不出來，那說明這門課沒有學好，應該重新學一遍"。把課全都"學明白了"的惲之瑋從大一開始，幾乎所有考試都考滿分，他進而覺得學本科生的東西不過癮，大一就跑去學研究生的抽象代數，因為沒選到課，自己從頭到尾看了一遍教材，就把書後習題做了出來。

許晨陽的經歷有幾分相似，他三年間學完了本科所有課程，提前一年從北大數學科學學院畢業。他沒法滿足於課堂上學到的知識，不僅因為它們學起來毫無挑戰，而且因為中國數學界歷來幾何強於代數。當年北大數學科學學院的頂尖教授幾乎都集中在分析和拓撲領域，許晨陽不感興趣。雖然跟着最好的教授在拓撲上下了很大功夫，但他更欣賞代數推理層層遞進的嚴謹性。課堂上學不到的，他靠自己讀書來學，沉浸在圖書館中，他找到了真正適合自己的學科——代數幾何。碰巧在許晨陽本科臨近畢業時，國際微分幾何頂尖學者田剛回歸母校北大，他此時正在拓展研究方向，目標正是代數幾何。

　　冉冉升起的新星與學術界的中流砥柱一拍即合，許晨陽成了田剛回國後的第一屆研究生之一。他在代數幾何上展現了極高的天賦，並拿着田剛的推薦信申請到了普林斯頓大學，跟隨亞諾什‧科拉爾讀博。

　　自那以後，8 年過去了，許晨陽再一次從田剛院士那裏獲得了靈感。在一次與北大 2000 屆學弟李馳的合作中，許晨陽使用極小模型綱領的工具與李馳所擅長的微分幾何工具相配合，解決了 K-穩定性領域的一個小問題。許晨陽由此意識到，代數幾何中的極小模型綱領與微分幾何中的 K-穩定性之間存在深刻的聯繫，他的目光投向了田剛在 1997 年提出的 "K-穩定性猜想"。

　　關注了幾個月後，許晨陽的機會在德國的會議上降臨。

　　故事發生在奧博沃爾法赫數學研究所，一處在數學傳記《黎曼博士的零點》中被描述為 "對數學研究而言條件堪稱奢侈" 的好地方。它位於德國中部的黑森林，在地圖的標記上，代表省級公路的纖細白線被整片的綠色包裹，數學研究所窗外就是無邊無際的密林。研究所 24 小時供應餐食，除了數學，沒有任何娛樂項目，這裏的小村莊只有幾戶人家，要想去超市購物，得翻過一座山去遠方的山谷。唯一的社交活動是研究所裏每週召開的數學會議，標着參會者姓名的布袋被隨機擺放在桌子上，保證數學家們每次都跟陌生人坐在一起，便於聆聽新的意見。

　　許晨陽再次遇見李馳正是在這次會議之後。李馳也是許晨陽的同門，在前往普林斯頓大學讀博前，他師從田剛取得了碩士和博士學位，研究領域正是田剛做博士時與導師丘成桐共同提出的 "K-穩定性猜想"，這一猜想還有一位共

同提出者 —— 微分幾何大師西蒙·唐納森。

再次遇見許晨陽時，李馳剛讀完西蒙·唐納森的新論文，文中用雙有理幾何的工具改變代數簇的探測構型。這一操作讓李馳想起極小模型綱領，他便問許晨陽：用極小模型綱領的工具能否做同樣的事情？

許晨陽告訴李馳，他和日本數學家尾高悠志討論過這事，但他們沒能成功，因為不了解其中的昭人不變量（Futaki invariant, 由日本數學家二木昭人提出）在極小模型綱領中如何演化。昭人不變量恰是李馳攻讀博士學位期間的重點研究對象，了解到了方向，他當晚就進行了計算。

計算結果令李馳震驚：大量繁雜難懂的公式化簡下來，等號右邊只有三項，其中一項還配出了平方。他沒有第一時間告訴許晨陽。第二天，他在火車上給了這項公式一個嚴格的證明 —— 公式是對的。李馳心跳加速，彷彿整個世界都濃縮在公式之中，他趕緊把結果發給許晨陽。許晨陽感到胃痙攣 —— 長期等待的進展終於出現在他面前。他冷靜下來，再一次核對細節 —— 沒有問題。許晨陽拿到這一結果後，又用極小模型綱領的工具將這一公式從特殊情況推廣到一般適用 —— 其中展現的對數學技巧的精密操控讓李馳相當驚訝，這個發現極大地推動了 "K-穩定性猜想" 的證明，為許晨陽獲得了巨大的榮譽和學界的認可（見圖 8-2）。

不過比起現實的榮譽和利益，這次成功更重要的是鼓舞了許晨陽，他由此打開了發現的大門，開啟了自己輝煌的學術生涯。正如他在獲得未來科學大獎後接受採訪時所說："日本數學家森重文曾說：我想每位數學家都有做不出新東西的恐懼。我當然也有這樣的恐懼。我覺得每個數學家，包括科學家 —— 每

圖 8-2　2020 年 AIM K-穩定性會議參加者，大部分是許晨陽的合作者，左三是李馳
（許晨陽 供圖）

個從事創造性勞動的人，都有這種恐懼。但比這更重要的是，人要克服對未知
的恐懼。"

"武林大會"

2012 年，助理教授許晨陽已經在猶他大學工作了一年，他身上不再有職業
壓力 —— 大學教職是終身職位，即使他從此再沒有學術上的產出，他仍能一直
保有這份工作。但對數學的愛一直驅使着許晨陽，他希望能取得更多、更好的

成果。

他開始深入思考微分幾何、代數幾何與複幾何中關係密切的三個領域：K-穩定性、"卡拉比猜想"和"卡勒-愛因斯坦度量"。恰在此時，昔日的碩士生導師田剛聯繫許晨陽，又一次帶來了好消息。

這一年，北京國際數學研究中心成立，牽頭這一項目的正是後來成為中心主任的田剛。在他的構想中，北京國際數學研究中心在制度建設上應該向國際一流的大學和研究所看齊，通過提供寬鬆的環境和良好的氛圍，吸引身居海外的中國數學家。研究中心成立時，作為昔日的學生和如今的新星，許晨陽理所當然地成為田剛招募的第一位數學家。許晨陽爽快地答應了，成為中心的第一位副教授：可以報效祖國，能換個新環境，還有更好的資源支持，北京國際數學研究中心是他心目中的理想去處。

許晨陽在回國前向認識的朋友發了一封郵件："我本週已從猶他大學辭職，並將全職回國。"朋友們驚訝於他的決定，稱他為"先驅者"。北京國際數學研究中心的成立與許晨陽的歸國極大地激勵了海外的中國數學家們，很快，"北大數學黃金一代"中不少數學家（如劉若川和劉毅）也相繼加入數學研究中心，這裏很快成為一個相當活躍的數學研究陣地。

許晨陽的研究生涯也從此進入了快車道，他涉獵廣泛，同時關注多個研究領域的優勢開始顯現，在一系列前沿數學問題上做出了重大貢獻，並在國際數學雜誌上發表了 24 篇論文，其中有 6 篇發表在四大國際數學期刊上，這 6 篇文章解決的都是數學界前沿的、核心的問題，每篇都足夠讓許晨陽登上北京大學的官網首頁（見圖 8-3）。

圖 8-3　2017 年，許晨陽出席 "數字的力量" 報告會，右一是其碩士導師田剛（許晨陽供圖）

　　許晨陽一直關心的 K–穩定性問題也終於在 2015 年出現轉機，在微分幾何領域數學工具出現一系列新發展後，許晨陽發現基於 K–穩定性構造出的 K–模空間或許在研究中大有可為。而這一發現一經證實，或許將比肩他求學時在北大圖書館看到的《雙有理幾何學》，成為數學界一個新的細分研究領域。作為教授，許晨陽也貢獻頗豐，回國的幾年間不但招收了多名研究生和博士後，也為學生們帶去了他的理念和方法，他常告誡學生，自學和自主尋找問題才是研究生最重要的技能。

　　2016 年，許晨陽持續的耕耘與產出得到了回報：他獲得了數學界獎勵青年研究者的大獎 —— 拉馬努金獎。而他的獲獎理由除了他在雙有理幾何領域的突出貢獻，還包括他回國對中國代數幾何領域發展做出的重大推動。

他作為"先驅者"的選擇被時間證明是正確的，遇到在是否回國這一問題上舉棋不定的青年學者時，他會勸慰對方："回到祖國，不僅不會影響自己的研究，很多時候還能做出更好的、更有創造性的成果。而這種在自己的祖國做出優秀工作的成就感，是其他任何感覺都不能取代的。"

2018 年，許晨陽獲得了代表數學家近期取得了重大成就的最重要的機會 —— 在國際數學家大會上做報告。

在里約熱內盧的西南郊，風景秀麗的豪華度假區巴拉達蒂茹卡，坐落着整個拉丁美洲最大的展覽中心 —— 里約中心。這個舉辦過地球高峯會和奧運會、做過世界杯轉播中心的世界級會場在 2018 年 8 月迎來了 3 000 餘名來自 114 個國家和地區的全球最優秀的數學家，他們在此參加數學界的盛會 —— 國際數學家大會。

有人將國際數學家大會比作數學界的"武林大會"，是世界頂尖數學家們交流成果的場所，也是頒發數學界四項主要榮譽之處，其中就包括"數學界的諾貝爾獎" —— 菲爾兹獎。

"武林大會"每四年舉辦一次，每次時長一週左右，會議設有多個主會場和數十個分會場，每個會場都有近年來最出色的數學家報告最艱深的問題。會場外則聚集着一些民間科學家，他們向來往的學者、學生和志願者遞交自己的論文，指望得到主流承認而一夜成名。受導師指派參會學習的博士生們往往在頭昏腦漲中度過一週，因為報告太過前沿、晦澀難懂。

只有少數國際數學聯盟指定的學者能在國際數學家大會上發言，他們或做

45 分鐘的分會報告，或做 1 小時的全會報告。2018 年，在巴西，有 5 位中國大陸數學家和 7 位大陸赴美數學家做了 45 分鐘分會報告，但無一人做全會報告。在這 12 人中，只有一人不滿 40 歲（這代表了他尚有取得菲爾茲獎的機會）又在中國大陸任教，他就是許晨陽。

做報告的 4 名中國籍青年學者中，有 3 名都是 "北大數學黃金一代" 的成員，另外兩人是許晨陽的學弟 —— 惲之瑋和張偉。

2018 年的國際數學家大會上，最耀眼的是德國數學天才、菲爾茲獎近百年歷史上第四年輕的得主彼得・朔爾策。他的研究成果名為 "p 進類完美空間理論"，是構築數學界的 "大一統理論" —— "朗蘭茲綱領" 的重要基石。朔爾策自 16 歲起便連續 4 年代表德國參加國際數學奧林匹克競賽，獲得了三枚金牌和一枚銀牌，其中一次滿分。20 歲時，朔爾策考入德國波恩大學，只用了一年半時間就讀完本科，又用了一年時間取得碩士學位，而讓他在兩年後（24歲）取得博士學位又同時取得了德國最高等級的教授職位的，正是他的獲獎成果 —— "p 進類完美空間理論"。在 2018 年的國際數學家大會上，朔爾策獲得了最高級別的禮遇 —— 受邀做一小時的全會報告。

縱觀 "文革" 後中國大陸的數學史，唯一在基礎數學領域做過全會報告的是許晨陽的碩士生導師、中國科學院院士田剛，那是在 2002 年北京召開的國際數學家大會上。作為東道主，中國數學界獲得了前所未有的報告名額。受制於人才、時間和語言，中國尚未成為一個數學強國。

2018 年，在研究再一次陷入停滯後，許晨陽最終決定換個環境，全職進入麻省理工學院任教。

在離開時，他表達了對北大的不捨，但更多的是無奈：若想突破數學上的困境，與水平相近的數學家溝通是常用之道，而中國的一流數學家數量仍然太少；作為北京國際數學研究中心的頂尖教授，許晨陽承擔了大量教學工作，當他需要在數學上投入更多精力時，他也為此感到苦惱。

對數學的責任重新開始召喚他，他化用《維特根斯坦傳》中的理念如此表達："不是每個人都有數學天賦，如果數學天賦降臨到某些人身上，他就有責任去推動這個事業的發展。"

他的勤奮、他對於數學純粹的熱愛推動他放棄中心帶頭人的名望，全身心地重新投入數學研究。許晨陽對自己的數學研究生涯有更高的期待：如同"龜兔賽跑"的故事，最終能做出最好結果的數學家往往不是"兔子"，而是走得更慢的"烏龜"。他認為"除了一些極少數超羣的大腦，最後能決定他走得多遠的還是專注和堅持"。

帶着這樣的信念，許晨陽重新投入數學研究的海洋，他將為數學繼續奮鬥，這是一項高尚的、自由的職業，如同他獲得未來科學大獎後在致辭中所說："沉浸在數學研究中的數學家們只需要服從數學世界的客觀法則。這裏沒有等級高下，沒有階層之分，在對未知的探索前人人平等，每個人都擁有絕對的自由。每一個數學家願意孜孜不倦研究數學的最主要動力不是別的，是我們享受那種日復一日，能夠超脫現實生活，去聆聽和發現世界運行規律的時刻。"

（文／初子靖）

名詞解釋

1. K–穩定性：K–穩定性的概念由田剛在 1996 年引進，用來刻畫 Fano 流形上"卡勒–愛因斯坦度量"的存在性。2002 年，微分幾何大師西蒙·唐納森用代數方法給出 K–穩定性的另一個定義。許晨陽與李馳合作，通過系統引入極小模型綱領為工具，完全證明了田剛的猜想。

2. "卡拉比猜想"：為探索高維空間，意大利數學家卡拉比於 1954 年提出了"卡拉比猜想"，即複雜的高維空間由多個簡單的多維空間"黏"在一起，也就意味着高維空間可通過一些簡單的幾何模型拼裝得到。1975 年，數學家丘成桐等人攻克了陳類為負和零的"卡拉比猜想"，但只有第一陳類為正的問題得以解決才能證實"卡勒–愛因斯坦度量"。

3. "卡勒–愛因斯坦度量"：為解釋萬有引力的本質，愛因斯坦於 1916 年創立廣義相對論，並試圖用一個二階非線性偏微分方程組來度量引力場，即著名的"卡勒–愛因斯坦度量"。後來的物理學家們進一步發展出弦理論，認為宇宙是十維時空，但這些複雜的高維空間必須是"卡勒–愛因斯坦度量"。

4. "朗蘭茲綱領"：1967 年，年僅 30 歲的加拿大數學家羅伯特·朗蘭茲在給美國數學家安德烈·韋伊的一封信中提出了一組意義深遠的猜想，指出三個相對獨立發展的數學分支（數論、代數幾何和羣表示論）實際上是密切相關的。這些猜想後演變成"朗蘭茲綱領"，被稱為數學界的"大統一理論"，在過去幾十年裏對數學的發展產生了極大的影響。

科學精神內核

比擁有天賦更難的是順利地兌現它。許晨陽在成都讀中學時便是學校的天才級人物，憑藉數學競賽成績被保送進入北京大學。讀完碩士，他順利進入世界數學殿堂——普林斯頓大學，攻讀博士學位。但往後的路該怎麼走？如何成為出色的數學家？他一度陷入了彷徨。

天賦並不意味着一切，在普林斯頓大學的一個個夜晚，許晨陽和同學們一道在數學的曠野中尋找着前行的方向。在後來的困頓中，他甚至給自己定下時限：最多讀兩個博士後，花兩年，或者也許十年，如果無法取得成績、找到教職就放棄數學研究。

2011年，在德國美麗幽靜的黑森林地區，靈感迸發的時刻終於到來：許晨陽和師弟李馳一道，運用極小模型綱領，針對"K-穩定性猜想"得到了一個美妙的公式，驗證無誤的那一刻，許晨陽激動得幾乎胃痙攣。他的發現揭示了複幾何與代數幾何兩個不同領域的深刻聯繫，並且為他贏得了諸多榮譽。不過比起現實的榮譽和利益，這次成功更重要的意義是鼓舞了許晨陽，他由此開啟了輝煌的學術生涯。

9

麗莎・蘭道爾

恐龍滅絕、歌劇和粒子物理

麗莎・蘭道爾（Lisa Randall），1962 年 6 月生於美國紐約，哈佛大學教授，美國理論物理學家，暢銷書作家，2007 年被美國《時代週刊》評選為"全球 100 位最有影響力人物"之一。她是世界粒子物理學和宇宙學領域的著名科學家，多年來潛心研究引力、時空的額外維度、膜宇宙模型和弦理論，主要代表作有《彎曲的旅行：揭開隱藏着的宇宙維度之謎》《叩響天堂之門》《暗物質與恐龍》等。

天才
GENIUS

興趣
INTEREST

跨界
CROSSOVER

超級宇宙的祕密

一塊磁鐵可以輕易地吸起一根回形針，而回形針不會被地球引力拽回地面。如果不是理論物理學家，這只是一個眾人熟視無睹的現象。但在物理學當中，它指向一個令人費解的問題：為甚麼相比其他三種基本力（電磁力、強核力、弱核力），引力如此微弱？

針對這個困擾物理學界許久的問題，1999 年，理論物理學家麗莎‧蘭道爾提出了另一種令人驚訝的猜測：引力也可能在額外維度裏生成，作用力比它在地球上強大得多，而我們的宇宙只是接收了引力的一部分。

物理學家有一個被稱為“額外維度”的假設：或許我們生活在一張懸浮在高維時空的巨大的膜上，根據這個膜理論，我們通常所稱的宇宙可能嵌入一個更大的五維空間，類似於一種超級宇宙；與我們熟知的世界並存的可能是一個新宇宙，也可能是好幾個，每個宇宙都是在更廣闊的五維空間裏的獨立的四維氣泡。

　　但是麗莎在很多年前就意識到這個假設中存在一個矛盾：如果在我們可見的那些維度之外至少還存在一個額外維度，那麼在其他維度都可見的情況下，如何解釋額外的那個維度真實存在卻又不可見呢？

　　物理學家們之前對額外維度不可見的解釋通常是因為它們無限小。簡單來說，我們一般認為的二維是一個平面，是由兩條直線狀的一維組成的，也就是通常說的 x 軸和 y 軸。如果把 x 軸的直線緊化，它就會變成一個首尾相連的圈，從 y 軸來看，這些被緊化、疊加的圈就好像組成了一根水管，這時，x 軸的一維存在會被忽略。

　　但麗莎提出，隱藏維度不可見的另一個原因可能是它們無限大，同樣超過現有測量技術的能力範圍，而且會有類似哈哈鏡的扭曲效果。額外維度一定有它們隱藏的方式，而地球引力的大小在那些額外維度裏的變化非常大。也就是說，你原來以為非常重的東西，其實可能非常輕。

　　1999 年，37 歲的麗莎已經是普林斯頓大學的教授。每逢暑假，她通常會外出旅遊，但這一年正好待在家裏。當時她正在進行一個實驗，在實驗中，她發現一些粒子莫名其妙地消失了，無論如何也找不到合理的解釋。這時麗莎突然冒出一個想法：如果從額外維度的角度入手，會導出怎樣的答案呢？這些粒子會不會跑到另外的維度去了？

　　巧的是，當時和她一起做研究的博士後拉曼·桑德拉姆（Raman Sundrum）也在思考類似的問題，他們乾脆坐在一起開會，互相取長補短。麗莎和拉曼先是在研究過程中發現了一個意外冒出來的幾何空間，在詮釋它可能代表的意義時，他們意識到那是一個"令人驚異的空間度量標準"，這個度量標準可以給予五維空間獨特的幾何屬性。

這個在意外中誕生的模型後來被稱為"蘭道爾-桑德拉姆模型"，是麗莎‧蘭道爾最為知名的成就之一。但是最開始的時候，她和拉曼都不確定這個研究會走向怎樣的結果，只能繼續研究和討論，之後一口氣發表了三篇論文，整個過程持續了四五個月——快得驚人。

麗莎意識到他們新發現的模型具有重要的意義，但讓她沮喪的是，並不是所有人都立刻意識到了它的重要性。"當時的確還有一些我們沒有弄明白的地方，也需要繼續研究，但在有些人看來，那些讓人困惑的地方就是錯的，這個想法也並非原創……"但麗莎很有把握，"其實只是他們沒搞懂。"

幸運的是，加州理工學院的理論物理學家馬克‧維斯（Mark Wise）認為這的確是一個和以往全然不同的、原創的模型，他的這番肯定給了麗莎和拉曼很多支持。

很快，更多的物理學家認識到了"蘭道爾-桑德拉姆模型"的價值。1999年至今，麗莎的論文被引用超過萬次，她成為全球被引用文獻次數最多的理論物理學家之一。在那之後，麗莎幾乎每年都會獲得國際重量級的物理獎項，其中包括由美國物理學會 2007 年頒發的朱利葉斯‧利林費爾德獎、2012 年的安德魯‧格門特獎以及 2019 年的奧斯卡‧克萊因獎章。

麗莎的發現後來被認為是理論物理學近 20 年來極具影響力的成果之一，而她本人也因為傳奇的經歷成為萬千美國人眼中的科學偶像。

優等生

　　麗莎在紐約皇后區長大。她的媽媽原本是一個小學教師，為了照顧三個女兒，辭職在家擔任全職主婦。她的爸爸是一個銷售員，有一點兒工程師的背景，還差點兒成為一個職業棒球手。簡而言之，她的家庭並沒有學術上的傳承，麗莎是他們家的第一個博士。不過妹妹後來也走上了學術道路，現在在佐治亞理工學院擔任計算機科學教授。

　　在高中階段，麗莎總覺得自己與周邊的社區氛圍有些格格不入。她就讀的史蒂文森高中位於曼哈頓，她特別喜歡在那一帶溜達，因為可以走出原來的地方，和許多有創意的同學待在一起，一切都變得更愉快了。

　　麗莎的媽媽很看好女兒的天賦，她知道麗莎是個出色的學生，也認為女兒很可能會成為一個科學家。不過，她並沒有特別明確地告訴麗莎，對她將來的職業有甚麼期待，而是給了她很大的自由。

　　麗莎所在的史蒂文森高中在紐約州的排名靠前，以數學和科學見長，曾有多名諾貝爾獎獲得者及各領域的知名人士在此就讀。在麗莎就讀期間，學校正好遇上了一系列經費危機，做了許多改革實驗，卻差點兒被折騰到關門。去高中報到的第一天，麗莎就遇上了教師搞罷工遊行，她轉了一圈就回家了。

　　"就學習本身來說，我們沒有在學校學到太多東西。但我非常喜歡學習，也非常努力。"她幾乎把所有時間都花在了學習上，不怎麼參加運動，也不去參加戲劇排練之類的活動，"對一個孩子來說，可能少了些平衡。"

　　作為人生的關鍵節點，麗莎至今記得 17 歲那年的一次評獎。

那是"西屋科學天才獎"的頒獎現場，這個被譽為"美國中學生諾貝爾獎"的比賽旨在發現高中生中的科技人才，全美每屆有 40 人入圍決賽，最終獲勝者有 10 人。麗莎參加的是數學項目，除了她，學校還有兩個同學也進入了決賽。獲獎者的名字一個個被宣佈，十、九、八……同學相繼獲獎，但一直沒有她的名字，麗莎的心開始一個勁兒地往下沉，她想："我大概是唯一一個拿不到獎的人了。"

直到她聽到"並列一等獎獲獎者：麗莎‧蘭道爾"，她才意識到原來是以倒序的方式宣佈得獎者的。賽後，她還獲得了一個其他獲獎者沒有的特別獎勵 —— 受邀參觀政府大樓。

那時的麗莎是個很有天賦的學生，數學成績突出，其他功課的成績也都不錯，但她仍然有不自信的時候，她說："後來走上研究之路，這個獎項多少給了我信心。"

高中畢業後，她順利進入哈佛大學就讀，修了"跳級學分"，用三年時間就完成了本科學業。一個原因在於哈佛大學的本科學費高昂，而從研究生開始就可以學費全免，於是麗莎想早一年畢業就可以早一年獨立。

在攻讀研究生學位期間，她的周圍有非常多聰明出色的同學，麗莎說："研究的氛圍挺緊張的，但是也讓人靈感無限。每個人都深受鼓勵，想盡心盡力做好自己的研究。"得益於這種氛圍，麗莎逐漸明確了自己想要從事的方向，

在哈佛大學取得博士學位後，麗莎先後在加州大學伯克利分校和勞倫斯伯克利國家實驗室進行了四年的博士後研究工作。1991 年，她加入麻省理工學院擔任助理教授，1995 年晉升為副教授，三年後轉到普林斯頓大學。2001 年

開始，她在哈佛大學執教，並且被授予"終身教授"職位。她的晉升速度在全美都屬罕見。

麗莎在學校受歡迎的程度是顯而易見的。來自中國的許蔚爽是麗莎的學生，正在哈佛大學做博士後。在選擇導師的時候，她發現其他導師一般都帶五六個學生圍坐在一起討論，而麗莎的教室裏擠了 20 多個學生。她說："這個領域有公眾影響力的人不多，麗莎肯定是最具代表性的人物之一。"

這當然需要極其出色的學術能力。麗莎第一次真正得到學術界認可的成果是一個有關"宇稱破壞"的成果。當時，麗莎研究了某類"宇稱破壞"，實驗結果與近些年其他物理學家預測的頂夸克質量有很大出入。由於許多物理學家都開展過相關實驗，而麗莎的實驗結果與先前的大多數預測並不相同，所以她的結論震動了整個物理學界。

如今，她的主要研究領域集中在粒子物理學和宇宙學，也經常兼顧不同的課題方向。"有些課題在我讀研究生的時候就已經有不少人在關注了，但它們可能還停留在'一個非常誘人的想法'的階段。"麗莎總結自己的研究策略，"如果我認為它有潛力進一步深入發展，就會尋找它的'縫隙'，我可以順着那些空間往深處去，然後發現一些新的東西。"

粒子物理學研究很像"紙上談兵"，很多時候依賴想像，而沒有"眼見為實"的證據。研究者往往每隔幾個月就會發表新的論文，或是構建一個新的模型。事實上很多模型只是個假設，它們可能第二年就會被推翻，有些模型在現有的實驗條件下還無法證實，可能幾十年後才能得到證實。

這是一個充滿不確定性的科學領域。

不過，相比麗莎的其他研究來說，"蘭道爾-桑德拉姆模型"更具生命力，它對弦理論、宇宙學、重力研究、粒子物理學都產生了影響。對麗莎來說，這個成果讓她摸索到了將不同領域的研究融會貫通的方式。"它生發了許多新的觸角，可以伸向更多的新領域，它也幫我去嘗試一些之前沒有想過的課題，為我的研究建立了非常有效的軌道，"麗莎說。

現在，雖然距論文最初發表的時間已經過去 20 多年，麗莎還是時不時回到原點，重新細化和深究"蘭道爾-桑德拉姆模型"。她說："外部世界的實驗得出的結果指引了一部分研究的方向，但有些被理論誤導了，有些發現也是在令人非常困惑的情況下得到的。如果可以比別人理解得更透徹一點兒，可以搞清楚它們的構成，我會非常有成就感。"

在探求真理的路上，遭遇挫折是再正常不過的事情，並不是每一次研究都能有新的發現。麗莎會對一些問題產生特別的興趣，但在一切步入正軌之前，許多方向是走不通的，那時麗莎就會"渾身不舒服"，但她知道這些階段的意義："即使是讓人不安的、停滯不前的、帶來更多疑問的問題，我其實也可以從它們那裏得出許多新穎的結論。"

許多人問過麗莎：如何成為一個優秀的物理學家？她的回答看起來非常簡單："首先要找到你真正感興趣的方向、你的專長、你最有動力去學習的東西。你要有可以走下去的自信，但也不能太過自滿，才能保持進步。你要堅持自己的想法，但也要尊重所有已經出現的想法。沒有真正的捷徑，但最後如果你能給不同的事物建立聯繫，那一切都是值得的。"

至於自己的性格里那些特別的地方，麗莎說："可能最重要的是我是個奇怪的人？我會把別人想不到的很多東西放在一起。此外，我總是充滿了好奇，想知道各種元素是怎麼組合在一起的。"

如今，麗莎是哈佛大學有史以來第一位也是至今唯一獲得"終身教授"職位的粒子理論物理學女教授。"終身教授"是美國高校教職人員的至高榮譽之一，相當難得的是，在入職哈佛大學前，麗莎在麻省理工學院任職時也被該校授予"終身教授"職位。

即使在強調平權的美國，女性和科學也是一個會被人們提及的話題，雖然它實際上非常無聊。從年輕時開始，就有人問麗莎，是誰影響和引導她走上了物理學的道路，對於這個有所暗指的問題，麗莎總是回答說："我一直擅長數學和物理，但從小我所有的成績都非常好。應該說，是科學本身指引了我前進。"

如今在美國的大學中，物理系裏女性佔的比例並不大。麗莎當然希望情況會有所改變，但她並不想強調其中的差別，在她看來，自己能得到哈佛大學的職位，"原因和其他男性教授沒有區別，我的確做了一些非常重要的研究工作，也遇到過很多挑戰"。

幾年前參加索爾維會議後，她曾在推特上開玩笑說：和 20 世紀相比，在這個力求解決物理和化學問題的國際會議上，與會者的 X 和 Y 染色體比例依然沒有變化。

"魔法"的普及

除了"著名物理學家"的身份，麗莎也是暢銷書作家。2005 年，她出版了第一本作品《彎曲的旅行：揭開隱藏着的宇宙維度之謎》，這本書入選了當年《紐約時報》"100 本暢銷書"。這本書主要介紹的就是額外維度的相關理論，但深入淺出，妙趣橫生，即使是對粒子物理學一竅不通的人，也可以把它當成一本入門讀物。

"為甚麼物理如此重要？不如想想從古至今，我們看待自己的角度已經發生多麼翻天覆地的變化。這基於我們知識的積累和學識的進步，基於我們對物質最根本的基礎成分的理解不斷深入。可能對個體來說這種知識的作用沒有那麼顯著，但對整個人類來說，它們至關重要。"

"強子""額外維度""超對稱""頂夸克"……即使能知道這些名稱的大概指向，它們的具體形態也無法被看見，但它們是理解整個宇宙的根本。

其實人們並不知道很多物理學的研究成果是否正確。一些粒子的確存在，因為已經通過實驗得到了證明，但至於額外維度，至今還缺乏強有力的驗證。麗莎說："我好像站在一個操場的中央，而周圍都是不可見的危險和意外。"

她頗為享受生活在這樣一個"危機重重"的世界，但她更希望所有人知道這個領域非常精彩、驚喜無限。她希望可以激發人們主動了解的興趣，而不是單向地訴說、居高臨下地分享。

身為一個在業界極具影響力和權威性的學者，出版普及讀物似乎是額外之舉。最開始，朋友們覺得麗莎研究的領域就像是某種魔法，於是建議她寫一些東西。一提筆，她就一發不可收拾，嘗試用更像日常對話的方式與普通讀者溝通。麗莎說："我想儘可能分享物理學家們興奮的原因，你們可以理解這個世界，也會為之傾心"。

不過，要把這些理論性很強又很抽象的概念寫成普及讀物，工作量超乎她的想像。要在本來就忙碌的日程里加入寫作計劃，麗莎只能想方設法擠時間，有時甚至是早上起牀後寫幾段，然後找空檔再寫幾段。一次在參加美國國家科學院的會議時，同事看到她坐在桌前不間斷地敲擊鍵盤，忍不住問她是不是正在寫書，她說是。

　　如何平衡時間？她沒有答案，但她說："想要堅持做下去，就只能見縫插針。"

　　2020 年，因為新冠肺炎疫情，她大部分時間都在家辦公，也趁機把之前寫過的所有東西整理了一下。同事們有時會表示羨慕，他們會說"你做這個很開心啊，你怎麼做了那麼多厲害的事情"。但他們顯然沒有意識到麗莎的付出，因為根本沒有完整的創作時間，兼顧科研和寫作非常耗費心力，二者總是在相互"爭搶"時間。

　　但這種多線並進的方法也有一些好處，比如她不會像專職作家那樣遇到寫作瓶頸。完成第一本書之後，她大概隔了五年才開始準備第二本書《叩響天堂之門》，其後又隔了近五年才完成了第三本書《暗物質與恐龍》。

　　《暗物質與恐龍》的誕生其實是個巧合。那時麗莎做了一場有關暗物質的演講，正好亞利桑那州立大學物理學教授保羅·戴維斯（Paul Davies）坐在觀眾席裏。他問麗莎："所以，你解決了恐龍的問題？"這讓麗莎有些蒙，但回去查資料後，她發現這兩個課題之間有非常有趣的聯繫。這本書雖然有恐龍滅絕的話題，但實際還是在討論粒子物理：暗物質影響了彗星的軌道，並最終導致了6 600 萬年前彗星撞擊地球和物種大滅絕。

理論物理學家嚴肅的"外衣"下也有着一個輕鬆的靈魂。在每個章節的開篇，麗莎都引用一些歌詞作為導語，演唱者從比約克到蘇珊·薇格，再到埃米納姆，各種風格兼具。她經常會以一句話開頭："我是對的……還是錯的？"查找歌詞的工作全部由麗莎自己完成，開始是興致所至，直接從記憶中"調出"歌詞，後來數量攀升，她不得不專門查找一下合適的資料。記歌詞有副作用，因為那些歌詞就像"詛咒"，總是不停地迴旋在腦海裏，讓麗莎沒法想別的，但這種方式有時也會成為積極的動力，因為腦袋裏總在迴響美妙的音樂。

　　在研究陷入黏滯地帶、看不見曙光的時候，麗莎也不免陷入沮喪，她喜歡找人合作課題。她認為："一個人單槍匹馬做項目太孤獨了。即使你的合作者沒有對這個項目做出實際的貢獻，有人和你對話，有個對象可以讓你談談想法，那都是好事，你的合作者總是會提供一些預想中的或預料之外的幫助。"

　　一個科學家不該只是活在研究當中，麗莎去了許多不同的國家，見了許多不同的讀者，經常收到有趣的回覆，甚至有伊朗的學生發消息給她，說從她的書中得到很多啓發。還有一次，一位安保人員給她送來一張照片，照片上是他拍攝的星空，他希望能得到麗莎的簽名（見圖9-1）。"有時候，看到那麼多人真心喜歡物理，我很欣慰，能夠從事這個領域的研究也讓我由衷地感到驕傲。"麗莎說。

　　2007年，麗莎被《時代週刊》評選為"全球100位最具影響力的人物之一"，那張名單裏還包括希拉里·克林頓和史蒂夫·喬布斯。麗莎的訪談出現在《時代週刊》《新聞週刊》《紐約時報》《洛杉磯時報》《滾石》《經濟學人》等報紙和雜誌上。喬恩·斯圖爾特也邀請她上著名訪談節目《每日秀》。這些媒體曝

圖 9-1　一個安保人員給她送來一張照片，照片上是他拍攝的星空（麗莎 供圖）

光極大地擴大了她的知名度和影響力，也讓她有了更多與其他領域的人交流的可能。

　　"從他們的反饋中進一步證實你的研究的價值會很有成就感，而且你發現人們想知道這些研究是怎麼回事兒，這也給了他們更多的機會去學習。"

物理學和歌劇

　　在第二本著作《叩響天堂之門》裏，麗莎主要介紹了 LHC（大型強子對撞機）那些令人驚歎的細節。LHC 是世界上最大、能量最高的粒子加速器，造價超過 90 億美元。它是一種將質子加速對撞的高能物理設備，深埋於地下 100 米，環狀隧道有 27 千米長，是一台圓形加速器，坐落於瑞士日內瓦附近，橫跨法國和瑞士的邊境。

如今粒子物理學最重要的課題之一就是分析 LHC 的實驗數據並與模型建立聯繫。物理學曾有一個未解之謎：質量的起源是甚麼？為甚麼有些微小粒子擁有質量，有些粒子卻沒有這種"待遇"？

2012 年，歐洲核子研究組織的科學家宣佈發現了希格斯玻色子。這種粒子又被稱作"上帝粒子"，是粒子物理標準模型中被發現的最後一種粒子。粒子物理學家認為，正是希格斯玻色子賦予其他粒子質量。歐洲核子研究組織建設 LHC 的重要目的之一正是尋找希格斯玻色子，最終如願以償。

麗莎寫作《叩響天堂之門》的目的不僅在於描述科學的重要性，更是想解釋科學研究如何被切實地引入實際生活。比如，你打開收音機收聽節目的時候，根本不會在意收音機的運作原理；你往遠處扔一個球，它根據"牛頓定律"會落到地上，這裏用不上相對論，即使你會比較這兩個理論的不同，在這個例子中兩者的差別也微乎其微。但是，麗莎認為："這會幫助我們理解科學的進步，至少會懂得我們為何會到達今天的認知水平。"

她在書裏把 LHC 比擬成一台顯微鏡，可以讓我們進一步看清宇宙的構造。她希望通過 LHC 的結果證實，在一個隱藏的維度裏，引力子（傳遞引力的粒子）與引力微子共存，"雖然我剛入行的時候曾覺得這是個挺蠢的想法"。

在科學研究中，自信和自我懷疑這兩種感覺總是交替出現。麗莎說："很多時刻我都會感到疑惑，特別是在思考下一步研究甚麼課題的時候，我往往在兩個項目的選擇過程中感到恐慌。不過，自我懷疑能讓我和傲慢保持距離，讓我保持開放和誠懇的心態，可能也會激勵我成為一個更好的物理學家。"

粒子物理、宇宙學、數學乃至其他科學領域和人文、藝術一樣，都需要創造力。科學家、藝術家、作家、音樂家在表面上看起來相去甚遠，但是他們所具備的專長和技藝、他們所擁有的天賦、他們的性格實際上並沒有想像中那樣天差地別（見圖 9-2）。麗莎認為："說到科學進步的時候，理解實驗、概念和創意性的思維之間的交互關係至關重要。"

2009 年，麗莎為投影歌劇《超音樂序言》寫了劇本。這部歌劇糅合了嚴謹

圖 9-2　麗莎和藝術家為她設計的樂高人仔（麗莎 供圖）

的實驗數據，舞台設計為極簡主義和抽象化風格，用一種非常先鋒的方式演繹了古典音樂。歌劇在巴黎的蓬皮杜國家藝術文化中心首演後，又在幾個城市巡迴演出，"它有自己的生命力。非常瘋狂，非常有趣，很多人都對它充滿了好奇"。

這部歌劇的前期準備工作和麗莎寫第一本書有異曲同工之處，那些繁複的線索都匯攏在一部戲裏，要将順邏輯構架並不容易。但既然是一場歌劇，就可以出現各種音效，放入各種想法，所有的念頭都可以投入其中。演出美輪美奐，視覺效果也非常震撼，觀眾反應熱烈，對麗莎來說也是一種新體驗。

與她合作的有英國藝術家馬修·瑞奇（Matthew Ritchie）和西班牙作曲家埃克特·帕拉（Hector Parra）。麗莎負責的部分好像在推導一個物理公式，她興奮地發現，歌劇可以作為一種與學術研究平行的方式來表達想法。

麗莎至今回想起首演前後的情景都會興奮不已，無論是巴黎大街的海報還是首演時的意外巧合，都讓麗莎認識到科學和人文的共通之處，科學家不用總是那麼一板一眼的，同樣可以充滿激情。

2010 年，麗莎參與了洛杉磯一個名為"尺度測量"的展覽策劃，成為策展人之一。歌劇和這個展覽同她的研究相比都只是非常小型的項目，但她發現許多人對此津津樂道，學術之外的嘗試也讓她釋放了性格里更多的自我。麗莎說："做學術的時候，我嚴肅且縝密，所以在寫作和其他項目中，我會允許自己更開放、更自我。你不只有一面，但最重要的是始終在做自己。"

因為新冠肺炎疫情，過去的幾個月裏，麗莎的生活方式發生了很大的變化，她甚至開始試着打理花園和下廚。在此之前，麗莎從來沒做過飯，但她有一顆喜歡嘗試的心，這幫助她渡過了眼下的難關。

　　作為一個物理學家，麗莎喜歡的娛樂項目不多，數學拼圖遊戲是其愛好之一。一次開會時，有人給她看了一個拼圖遊戲的謎面，她立刻就說出了答案。她也喜歡戶外運動，特別是攀巖和滑雪，甚至因此摔斷過肋骨，但這不影響麗莎對它的喜愛。她說：“攀巖能讓你轉換注意力，讓你舒展身體，還能讓你對整個過程有所思考。”

　　麗莎至今單身，對她來說，最快樂的時光始終是做研究的時候，學術在她的生命裏毫無疑問排位第一，她願意為之奉獻所有的時間和精力（見圖 9-3）。

圖 9-3　麗莎最快樂的時光始終是做研究時（麗莎 供圖）

在科學的世界裏，麗莎找到了一些答案，但還有更多的路要走。她在真理面前懷抱着謙虛和堅定的內心，"我們還沒有掌握一切，但這不等於我們一無所知"。

（文 / 李冰清）

科學精神內核

　　麗莎·蘭道爾是一位"學霸"，從小成績出色，特別擅長數學和物理，17歲時獲得了被譽為"美國中學生諾貝爾獎"的"西屋科學天才獎"，進入哈佛大學後，僅用三年時間就完成了本科學業，並順利取得博士學位。

　　這位天才少女在進入物理學界後，最初憑藉對宇稱破壞的研究站穩腳跟，用令人驚訝的速度從助理教授晉升為普林斯頓大學和哈佛大學的終身教授。1999 年，麗莎·蘭道爾和拉曼·桑德拉姆一道提出了給予五維空間獨特幾何屬性的"蘭道爾–桑德拉姆模型"，被看作理論物理學近 20 年來最有影響力的成果之一。

　　憑藉眾多充滿想像力的研究，麗莎已經成為粒子物理學、宇宙學等領域內的頂尖科學家。《時代週刊》曾這樣評價她："這位女性物理學家讓我們重新認識了宇宙，更顛覆了物理學這個被視為男性俱樂部的陣營。"

　　麗莎並不是一個典型的實驗室裏的科學家，她還寫作科普圖書、參與歌劇創作，用通俗的語言向大眾傳播理論物理的知識，在美國社會擁有廣泛的影響力，被萬千讀者視為科學偶像。

馬克·麥考林

從褐矮星返回地球

馬克·麥考林（Mark McCaughrean），歐洲航天局（ESA）科學與探索高級顧問，1961 年生於英國，1988 年畢業於愛丁堡大學，獲天體物理學博士學位。2009 年加入歐洲航天局之前，他曾在美國國家航空航天局（NASA）和數家德國天文研究機構任職，並在英國埃克塞特大學擔任教授。

他曾在許多大型地面天文台工作，操作包括安裝在夏威夷島的英國紅外望遠鏡（UKIRT）和智利的歐洲南方天文台（ESO）甚大望遠鏡在內的頂級設備。他參與了哈勃太空望遠鏡和詹姆斯·韋伯太空望遠鏡等太空望遠鏡項目的研發，還深度參與了歐洲航天局的"羅塞塔號"彗星探測項目等不同項目。他目前的工作之一是把歐洲航天局在天文學、太陽物理學、行星探索、基礎物理方面的成就傳播給公眾。

夢想
VISIONARY

世界公民
GLOBAL CITIZEN

激情
PASSION

樂趣
FUN

好奇
CURIOSITY

夢想成為宇航員的小男孩

在 40 多年的天文觀測生涯中，馬克·麥考林從沒見過這麼美麗卻讓人不安的天象。異兆並不在宇宙裏，而出現在地球上空。夜光雲昰出現在地面上方約 80 千米處高空的夜間閃光雲朵，最早出現在人類的記錄裏是 19 世紀七八十年代，也就是近代工業誕生後的產物。它們原先只出現在北極地區，後來慢慢向低緯度擴散。2019 年夏，夜光雲直接出現在荷蘭，也就是馬克工作所在地的上空。一個深夜，在騎車回家的路上，他看到夜光雲明亮而不祥地閃耀在天上。

夜光雲越來越頻繁地出現可能是地球生物圈的凶兆，這種獨特的雲昰水滴附着於隕石進入大氣層時留下的塵埃微粒形成的。歐洲航天局的衛星雲圖證明，地球大氣中的甲烷濃度在加速上升，而這被認為是導致地球上空水分增加的原因。甲烷是比二氧化碳更危險的溫室氣體，石油和天然氣田、沼澤地、動物打嗝（比如牛）、西伯利亞凍土層中都有大量甲烷。

開採油氣田、大規模發展牧業、生產一切和油氣相關的產品（比如塑料）等人類活動都在加劇甲烷排放，全球升溫，又進一步導致西伯利亞凍土層融化，可能會釋放更多的甲烷，加劇全球升溫……這個惡性循環已經把氣候變化推過了臨界點，全球冰層的融化速度令科學家們感到震驚。如今，減少碳排放的意義已經不大。哥倫比亞大學氣候學教授安德斯·列維爾曼（Anders Levermann）說：“我們需要零排放！零！”誰都知道這是極為困難的。

馬克·麥考林是紅外天文學領域的先驅，目前的職位是歐洲航天局科學與探索高級顧問。歐洲航天局類似 NASA，不過前者是由歐洲 20 多個國家參與的科研機構，不單獨隸屬於哪個國家。

馬克在荷蘭一座富裕美麗的海邊小鎮居住，離海邊起伏的沙丘只有 10 分鐘車程。但海水正在威脅着低地國家的存亡，大約再漲一米，這個小鎮就不能再住人了，這個過程也許需要 250 年，也許只需要不到 150 年。

在馬克出生的 1961 年，這樣的憂慮似乎還非常遙遠。那是一個強烈的樂觀和令人窒息的悲觀並行的年代。20 世紀 60 年代的冷戰高峯期，美國和蘇聯之間的核武器大賽隨時威脅着人類的安全，兩國之間的太空競賽，尤其是美國總統甘迺迪大力支持的“阿波羅計劃”，卻激起了全世界對太空的向往和對航天科技的熱愛。

馬克出生後不到一個月，人類歷史上第一個宇航員（蘇聯人尤里·加加林）就進入了太空。馬克 8 歲時隱約記住了“阿波羅 11 號”任務，但他記得最清楚的是 NASA 的“天空實驗室”項目。“在阿波羅 1 號”事故後，NASA 暫停了載人登月火箭項目，轉而在 1972 年建成了第一個空間站。

1973—1974 年，有三批宇航員陸續進入空間站工作，他們在太空裏的一舉一動通過電視迷住了大西洋兩岸的千家萬戶。馬克和那時候的許多孩子一樣，剪下雜誌裏空間站的照片，收集起來貼在課本里。

他想做一個宇航員，是的，那時候，全世界有數不清的孩子想做宇航員，但馬克顯然比很多孩子規劃得更徹底。他發現了一個大問題 —— 他是個英國人，那個時候的西方，只有美國人才能做宇航員。他暫時擱置了這個問題，開始思考，做個宇航員需要幹甚麼事？他的結論是：首先，肯定要會開飛機；其次，必須成為一個科學家。

他對天文學已經有了興趣，但他不是一個典型的極客型小孩，沒有加入甚麼天文學俱樂部。他有一架玩具天文望遠鏡，用來在陽台上看星星。這就邁出了第一步。

第二步就是加入英語國家常見的童子軍。童子軍為青少年提供野外訓練活動，大多數童子軍都是在陸地上訓練，但如果在海邊，他們就會組織海上童子軍。馬克那時候住的地方正好有一個空中童子軍組織，設在一個軍用機場旁邊，恰合他意。

17 歲，馬克申請到了英國皇家空軍的獎學金，用以學習駕駛飛機。他在劍橋附近的一個飛機訓練場，用一個夏天就拿到了飛機駕駛證，當時他連汽車駕駛證都還沒有。

看起來一切按他的計划進展順利，皇家空軍還為他提供獎學金上大學。此時，夢想之路的第一個選擇出現了：接受這筆獎學金的話，他畢業後就必須在空軍服役 8 年，而且因為他的數學成績很好，皇家空軍讓他學習領航員專業，而不是飛行員專業。如果他仍然想做宇航員，這就不是一個正確的選擇。於是他拒絕了獎學金，但他在大學裏還是被當地皇家空軍大學的飛行中隊接納為成員（見圖 10-1），一面學習天體物理，一面駕駛軍用飛機，只不過他畢業後沒有服役責任了。他的很多朋友畢業後加入了皇家空軍，當中有些人駕駛飛機參加了第一次海灣戰爭。

那時，年輕的馬克意識到自己的性格並不適合從軍。像所有優秀的科學家一樣，他經常質疑上級的命令，認為解決任何問題的正確答案都可以通過與同行討論和辯論找到。在等級秩序嚴格的機構裏，他的這種態度和思考方式不太行得通。

從愛丁堡大學本科畢業後，馬克被邀請繼續攻讀博士學位。"就是這條路了。"他當時對自己說，離成為宇航員的夢想不遠了。這時候他又聽說了一個好消息：載着科學家們去空間站的航天飛機有專門配備的駕駛員，他不需要自己開飛機了。

但是，5 年的博士學位求學生涯跟宇航員和空間站還毫無關係，他從事的是基於地面觀測的天文學研究。他經常飛到夏威夷用英國人安裝在那裏的一台新型紅外天文望遠鏡觀測。在那裏，他結識了來自各地的同行，開始參與許多激動人心的項目。

20 世紀 80 年代初，數碼相機出現，開始運用於天文觀測。80 年代中期，一項新技術的出現為馬克一生的事業提供了新機遇，它就是內置於數碼相機的紅外傳感器。這項技術給天文學研究帶來了一個巨大的飛躍，極大地促進了自

圖 10-1　1982 年，21 歲的馬克是一位年輕的皇家空軍飛行員，這是他在火神轟炸機中
（梅爾·詹姆斯 攝影，馬克·麥考林 供圖）

"二戰"後開始興盛的天文學新分支 —— 紅外天文學。

紅外天文學為甚麼能給天文學開啟一個新大陸？因為紅外線探測可以運用於三個重要的領域（見表 10-1）。

表 10-1　紅外線探測可用於三個重要的領域

1	探測太空中的低溫物體。
2	探測新的恆星和行星誕生時，氣體和塵埃雲團中的奇妙變化。
3	探測宇宙膨脹導致的天體間的距離變化。

首先，可以探測太空中相對低溫的物體。物體溫度越低，它發出的光的波長就越長，在大約 1 000 攝氏度以下，人類的肉眼基本就看不到這些物體發出的光了，但紅外線探測器可以像夜視鏡一樣捕捉到它們。

其次，新的恆星和行星是在黑暗的氣體和塵埃組成的星雲裏誕生的，沒有紅外線探測器，我們就無法穿透這些塵埃觀察星雲內部的壯觀變化。

最後，我們的宇宙自 138 億年前的大爆炸以來一直在膨脹，天體之間的距離越來越大，它們與地球的距離加速拉遠，因為它們的光都發生了紅移（指電磁輻射由於某種原因導致波長增加、頻率降低的現象）。到了某個節點，最遙遠和年輕的星系離開我們的速度是如此之快，它們的光全都發生了紅移，看不到了。這時候就只能用紅外線探測器來捕捉它們，低溫物體、新星誕生和宇宙膨脹都可以藉助紅外技術被觀測，這使得過去 40 年裏紅外技術成了天文學裏的新熱門。馬克正趕上了好時候，一開始就參與建造和使用了史上最早的紅外天文望遠鏡。

雖然趕上了好時候，但馬克逐漸意識到一個之前從未思考過的現實：太空中固然充滿物理真空，也充滿了人類的政治。具體來說，紅外天文探測器的底層技術來自美國軍方。在馬克和同事們使用的天文相機上，如果用放大鏡仔細看，就會發現一個小標記 ——"Tank Breaker"（坦克摧毀者），顯示它曾被用於"二戰"時探測敵方坦克並對其發射導彈。

當時，有些英國科學家對跟美國軍方合作有所顧慮，尤其在冷戰緊張局勢升級的時候，其中的部分原因是羅納德‧列根的"星球大戰"導彈防禦體系項目以及在歐洲部署戰術核武器。畢竟，40 多年前，原子彈剛剛在日本奪走了數十萬人的生命。很多科學家拒絕使用相關技術。

然而，東西陣營的冷戰和美蘇之間的太空競賽也促成了航天技術的飛躍，包括機器人探索太陽系、載人航天、"阿波羅登月計劃"、空間站、哈勃望遠鏡等，激發了幾代地球人的太空夢。美國登月宇航員阿姆斯特朗出艙後留下的話 ——"我們為了全人類的和平來到這裏"，塑造了這種跨越國界的夢想和希望。

作為一個年輕的天文學學生，馬克當時忙於參與諸多激動人心的項目，沒有太關心它們背後更廣泛的政治含義。博士畢業後，他去往美國 NASA 工作。

最初，他在戈達德太空飛行中心工作，這裏是 NASA 天文學研究的中心，大名鼎鼎的哈勃太空望遠鏡就是在這裏研發的。很多年後，戈達德太空飛行中心還會領導詹姆斯‧韋伯太空望遠鏡項目，也就是美國 NASA、歐洲航天局和加拿大航天局的聯合項目。如今，馬克已經參與詹姆斯‧韋伯太空望遠鏡項目 20 多年。

在戈達德太空飛行中心，馬克開始了人生第一階段的科學家生涯，也了解到教科書不會告訴學生們的一個現實：生活裏充滿了活生生的人，而不僅僅是科學真理。

人的因素

從 1988 年加入戈達德太空飛行中心的那天開始，馬克就意識到他捲進了一場個人政治。馬克的上級弄到了一台中紅外探測器，經過優化可在太空中使用，但他要把這台探測器裝在夏威夷的地面天文望遠鏡上。這是個艱鉅的項目，因為地球的大氣甚至是望遠鏡自身發出的紅外線的波長都在這台儀器能探測的波段裏。觀測者要在這些雜亂、明晃晃的光譜裏分辨太空中的天體，很多人都懷疑用它得不到甚麼有用的科研數據。

有時候，項目的壓力很大，領導需要向懷疑他的同行證明，即便他帶領的是一個預算微薄的小團隊，這個項目也能出成果。不幸的是，這台儀器雖然的確能用，但成果有限，因為只有非常明亮的天體才能被它分辨。

18 個月的工作後，馬克在 NASA 的合同期結束了，他接受了一個來自亞利桑那州的工作機會，參與研發哈勃太空望遠鏡上的一台紅外線設備。這個工作終於讓他重返博士求學生涯的近紅外波段的研究，而且因為是跟哈勃望遠鏡打交道，也許還讓他離自己的太空夢更近了一步。但他沒想到，還有更大的波折在等着他。

1990 年 4 月，馬克到亞利桑那州工作不到一年，哈勃太空望遠鏡發射升空，但科學家們很快發現，這台望遠鏡備受"視力模糊"的困擾，因為在生產過程中使用了一台錯誤的測試設備，導致鏡片厚度產生了幾微米的誤差。多年來備受矚目的哈勃項目花費了幾十億美元，如今卻為 NASA 帶來了災難性的尷尬，讓它一時成了全美的笑柄，媒體上鋪天蓋地的嘲諷讓 NASA 不堪重負。NASA 減緩了整體工作進度，削減了哈勃望遠鏡的設備預算，以便把資源集中在解決望遠鏡的光學問題上。馬克和亞利桑那州幾個同事的工作受到了衝擊，他們在短短的通知期後被解僱了。

對他們當中的很多人而言，那是一個非常困難的時期。幸好，馬克的朋友們幫他渡過了這個人生低谷。他很快在亞利桑那州的天文學家羅傑·安吉爾（Roger Angel）那裏找到了一份工作。

安吉爾發明了一種全新的鏡面製造方法，他和團隊在一個足球場的看台下建造了一個巨大的爐子，把玻璃放進一個特別的模具裏融化後旋轉，玻璃慢慢在旋轉中冷卻，形成拋物線形截面的完美凹面鏡，背部的支撐構架堅硬卻很輕。從前，這樣的凹面鏡是用鑄成平面的玻璃塊打磨而成的，耗時耗力。安吉爾的技術可以前所未有的速度製造出直徑達 8 米的天文光學鏡面，迄今仍在使用。馬克和安吉爾工作了半年，其間還做了其他一些項目。之後，馬克接受了一份位於德國海德堡的馬克斯·普朗克天文研究所（MPIA）的工作邀請，前往德國。

在 MPIA，馬克參與了一系列前沿項目，包括為研究所在西班牙南部的大型望遠鏡研發兩種新型紅外相機。相機在亞利桑那州製作，運回歐洲，MPIA因此在天文界一時風頭無兩。1994 年，蘇梅克–列維 9 號彗星撞擊木星，第一張撞擊產生的碎片影像就是被其中一台新型相機捕捉到的，MPIA 更因此名聲大噪。

在馬克與 MPIA 的合同到期之後，他在波恩的馬克斯·普朗克射電天文學研究所工作了 18 個月，接着繼續北上，來到了離柏林不遠的波茨坦天體物理學研究所。在那裏，在近 10 年的短期工作接力賽後，他終於得到了一份永久合同，可以專注於研究，同時和家人一起享受在柏林的生活。

在波恩的短期工作中，還有一個他人生的標誌性轉折點。他在那裏遇到了一個英國訪問學者，這個英國學者當時在為歐洲航天局工作，負責 NASA 哈勃太空望遠鏡項目 —— 此時哈勃太空望遠鏡已經修好。他邀請馬克加入一個研發團隊，這個團隊剛開始研發哈勃太空望遠鏡的新一代替代產品：一架比哈勃大得多的太空望遠鏡，專門為紅外天文學觀測而設計。

這個項目是 NASA、歐洲航天局和加拿大航天局聯合研製的新一代望遠鏡。當時它有一個直截了當的名字 ——「新一代太空望遠鏡」，是從《星際迷航》裏得到的靈感，後來它被命名為「詹姆斯·韋伯太空望遠鏡」。

這是 1998 年，馬克欣然加入了這個人類歷史上最昂貴的龐大的太空項目。如果一切順利，這架耗資約 90 億美元的望遠鏡將在 2021 年由歐洲阿麗亞娜 5 型運載火箭發射到太空。

在抵達柏林的時候，馬克的宇航員夢早已黯淡，但他更強烈地意識到了科學研究領域的現實。他獨立的性格讓他拒絕進入軍隊去無條件地服從命令，在科研機構裏自然也直言不諱。但科研領域裏也有等級，有些掌握權力的人不喜歡聽到別人對自己的批評。

「我們在科學研究裏做的每件事都是由人創造出來的，所以至關重要的是我們要意識到這一點，而不要以為我們能夠把科研置於人之上，認為科研是高於人性的。”馬克說。這個理解幫助他在未來的工作和思考中變得更成熟，無論是針對大眾的科普，還是促進科研團隊多樣化的努力，無論是對待不同國家的政治，還是去了解不同文化的社會構建。

他對自己的認知也在不斷變化，他的自我定義從一個英國人發展到自己是一個歐洲人，再到一個世界人，最後發現自己其實是“來自恆星的一堆原子”—— 這是著名的卡爾‧薩根說的話。

馬克說：“或許這只是我在工作中不斷成熟的一個認知過程，也許所有人最後都會經歷同樣的過程。但這的確讓我更了解了世界是如何運轉的，以及人是如何工作的。”

“哇！那是個甚麼？！”

馬克的天文學研究裏有大部分工作是研究恆星和星系的誕生過程，特別是那些尚未成形的恆星。

在天文學裏有一個用來衡量天體質量的單位 —— 太陽質量，也就是太陽系的太陽的質量，一個太陽質量相當於 2×10^{30} 千克，約等於地球質量的 33 萬倍。

了解一點兒物理學的人都知道，每一點兒質量都會產生相應的引力。在恆星形成的區域，重力會讓物質開始坍縮，聚集起來形成緻密的天體。然後，如果它們足夠龐大，它們核心裏的壓力就會把氫原子擠壓在一起，引起核聚變反應。核聚變釋放出能量，就把這些緻密的天體變成了恆星。但如果聚在一起的星雲物質只有太陽質量的 8%，核心的壓力就不足以把氫原子擠到一起來引發核聚變。這些永遠不會燃燒的小型氣態天體的溫度只會越來越低，越來越難以探測，天文學家們稱之為"褐矮星"。

在馬克幾十年的天文研究中，大部分時間就是在恆星形成區域（比如在獵戶座星雲）的氣體和塵埃裏搜索褐矮星，這個任務對紅外天文學而言最為理想。這些介於恆星和行星之間的天體有甚麼特徵？聚集起來的星雲物質最低達到多少就能形成褐矮星？每生成多少顆褐矮星才能形成一顆恆星？這對我們了解恆星的形成有甚麼啟示？

在同樣的區域，我們也可以看到行星的形成。年輕的恆星和褐矮星被密集的氣體塵埃組成的行星盤包圍，在星雲明亮的背景下，我們可以看到其中一些的剪影。

馬克和同事鮑勃·歐戴爾（Bob O'Dell）以及約翰·巴里（John Bally）一起，在獵戶座星雲裏發現了這些行星盤，他們發現有些行星盤正在被附近巨型恆星的強烈射線和星風摧毀（見圖 10-2）。那裏面有多少星周盤？它們有多大？含有多少物質？有多少在早期誕生後能存留下來得以產生行星？

這些關於褐矮星和行星盤的問題，回答起來非常不易，因為這些天體很小，發出的光也很微弱，即使用最大的天文望遠鏡也難以捕捉。這就是馬克在夏威夷和智利用地面天文望遠鏡（見圖 10-3）和太空中的哈勃太空望遠鏡試圖回答的問題，在詹姆斯·韋伯太空望遠鏡升空後，這也是他最先要觀察的事物之一。

圖 10-2　獵戶座星雲紅外圖像，使用歐洲南方天文台位於智利的甚大天文望遠鏡拍攝
（馬克・麥考林 攝影，歐洲南方天文台 供圖）

圖 10-3　位於智利阿塔卡馬沙漠的歐洲南方天文台甚大望遠鏡（馬克・麥考林 攝影、供圖）

　　天文學研究與所有科學研究一樣，並不會永遠都是詩意和壯觀，也有很多日常工作內容，比如寫研究經費申請、寫望遠鏡使用申請以及大型項目和團隊的行政工作、在大學教書，還有為了開會的頻繁差旅……這些都會花費很多時間，甚至要犧牲個人生活，尤其是年輕的時候，馬克經常加班到半夜才回家，到現在他妻子還會偶爾提醒他"又沒按時回家"。他從科學研究中獲得的樂趣卻使他感覺這一切都非常值得。"你建造了一台新的觀測儀器，來到太平洋中心的島上，打開天文台的穹頂，把天文望遠鏡對準天空中的某個地方，發現了一個新東西，你知道這是世界上其他人都未見過的。"馬克說，"這種非常強烈的個人感受很罕見，我大約經歷過 10 次吧。"

每次他都覺得好像腎上腺激素在體內湧動，脖子後面的汗毛直立。他強烈感受到自己作為一個人、一個宇宙的微小分子，與這個新的、同一個宇宙裏遙遠而前所未見的現象之間產生了直接的連接。

20 世紀 90 年代初的一天，他的一位同事約翰·萊納（John Rayner）在夏威夷的天文台操作着天文望遠鏡，這時他們"瘋狂的德國朋友"漢斯·辛奈克（Hans Zinnecker）半夜打來電話："把天文望遠鏡對準 IC348，這個地方很有意思，有很多新生恆星。"

那時候，互聯網還沒有普及，線上數據庫還沒有建立，所以馬克和約翰翻開了一本基於之前紅外天文觀測結果製作的紙質星表，找到了第一條 IC348 的條目。他們把望遠鏡對準那裏，用紅外相機拍了一張影像。

"哇！那是個甚麼？！"他們看到的壯觀場面讓他們大吃一驚：一雙氣柱，其長度超過日地距離的 3 萬倍，出現在天空原本看似空白的一個地方。

後來馬克發現，望遠鏡指向的不是漢斯讓他們看的新生恆星羣，而是指向了附近另一個新的恆星正在形成的區域。他們發現的是一顆原恆星噴出的氣體噴流，這顆非常年輕的天體還深深地埋在它所誕生的氣體和塵埃裏，它發射的噴流擠壓着周圍環繞的雲，點亮了氫氣，發出了紅外線（見圖 10-4）。

在恆星成長過程中，以重力從環繞它的氣體雲裏吸聚物質，同時又把物質噴射出去，聽起來是很反常識的，但這裏面其實有一個物理學原理 —— 角動量守恆定律。

恆星誕生於氣體雲，也就是一個物質開始向重力中心坍縮的過程，越來越多的物質被重力吸引，聚集到核心，產生更多的引力，又把環繞外圍的星雲物

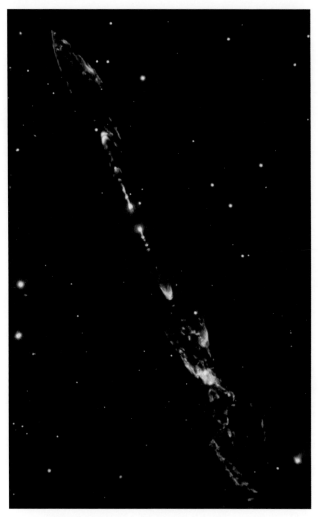

圖 10-4　年輕原恆星系統 HH212 外向流的紅外圖像，使用歐洲南方天文台
智利甚大望遠鏡拍攝（馬克・麥考林 攝影、供圖）

質進一步向中間收攏。恆星坍縮得越小，星雲裏的每一次旋轉就越快，就像花樣滑冰運動員把手臂收攏在胸前，旋轉的速度越來越快，這就是角動量守恆定律。到後來它們轉得如此之快，理論上就應該會因為離心力而分裂，但是並沒有，恆星用別的辦法釋放了部分角動量 —— 大量的氣體，像一根長柱，從恆星兩極射向宇宙。

20 世紀 40 年代末，天文學家們就已經發現年輕恆星噴出氣體噴流的現象，但馬克、約翰和漢斯第一次用紅外線探測到了原恆星的噴流，這樣的發現，此後還會有更多。

如今，這樣因錯得福的戲劇性故事很難再發生，因為任何使用天文望遠鏡的科研工作者都需要預先申請，並且只能觀測預定的天體或者區域。因為天文望遠鏡是緊缺資源，很多天文學家需要共享它，個人不能隨便用。另外，如果你隨便改變觀測方向，可能會竊取其他科研人員正在觀測的數據。嚴格的管理可能減少了馬克那個時代的天文學家們戲劇性的偶然發現，但對天文儀器利用效率最大化和保護每個人的科研成果是必要的。

就像馬克在更年輕的歲月裏發現的：科學研究生涯裏除了奇跡，還充滿競爭和人的因素。不愉快的時刻難以避免，因為人們會爭奪優先權。

那麼，同行競爭到底是減弱了科學的樂趣，還是增強了樂趣呢？"有一次我聽到一位資深的歐洲天文學家造的一個詞 —— 競合。很多項目是需要很多人參與的，這當中既包含合作也有競爭，這是很重要的。"馬克說，"不過幸運的是，如今友好的合作看起來正在成為主流。"

回顧自己的科學道路，馬克覺得自己很幸運，總是有朋友幫助他渡過難關。從困難中走出來後，他一直遵循一個原則，就是隻跟他喜歡、信任和有共同價值觀的人一起工作。馬克絕不會因臨時的方便而放棄這個原則，不為某些好處去跟人合作，不然的話，雖然一段時間裏這樣有用，但很快一切就都會崩塌。馬克說：“所以要讓自己身邊環繞的人，既相信你的做事方式，也分享你的好奇心。但也不要只跟觀念相同的人打交道，因為你要隨時準備好迎接挑戰和改變自己。”

為了實踐自己的原則，馬克組織了一羣歐洲天文學界研究恆星和行星形成的朋友，並成功地從歐盟籌集到資金用來推進歐洲不同國家之間科研團隊的合作，聘用大學生和博士後、組織會議等。為此，他開始更多地參與管理工作，也學會了應付科學研究裏的政治。

“做那些讓你充滿激情的事”

2004 年，在柏林住了 6 年之後，馬克回到位於英格蘭德文郡的英國埃克塞特大學，擔任天體物理學教授。對馬克來說，這相當於回到了他的起點 —— 他出生的地方。與此同時，馬克依然運營着他組建的歐洲科研網絡，和學生、博士後以及同事們一起做科研項目，很多工作依然需要用到歐洲南方天文台的甚大望遠鏡。

不可否認，宇宙的召喚太強大了。2009 年，他加入歐洲航天局，擔任歐洲航天局“歐洲空間研究與技術中心”（ESTEC）的研究與科學支持部主任，他和家人一起搬到了荷蘭。

此時的馬克已經不再是那個渴望成為宇航員的年輕人，他的責任更大、更重：負責管理歐洲航天局的科研項目，包括涉及天文望遠鏡觀測宇宙的項目，飛往行星、彗星和太陽的航天項目，等等。這意味着幫助科研群體更好地運用太空中已有的項目，並保證歐洲的太空新任務能夠達成科學目標。

2013 年，他轉而擔任歐洲航天局科學與探索高級顧問。從那時起，馬克就一直在給各位主管提供科學諮詢，並將歐洲航天局的科學研究成果更廣泛地傳播給公眾和科學家們（見圖 10-5）。為此，他需要頻繁地發表演講、參與各類委員會工作，並且與外部夥伴合作。

圖 10-5　2014 年，馬克在歐洲航天局位於德國達姆施塔特的歐洲空間控制中心接受採訪（Jürgen Mai 攝影，馬克·麥考林 供圖）

馬克致力於展示歐洲航天局的重要科研任務，比如，飛往水星的 BepiColombo 探測器的科學原理和目標、歐洲航天局繪製包含超過 10 億顆恆星的三維星圖的 "蓋亞任務"、人類在國際空間站裏開展的研究，還有登陸月球和火星的機器人探索，等等。

這些任務中最耀眼的一個可能是 2014 年 8 月的 "羅塞塔號" 探測器登陸彗星 "67P/ 丘留莫夫－格拉西緬科"。當時，"羅塞塔號" 經過 10 年跋涉終於帶着陸器 "菲萊號" 登陸彗星。這是個令人激動的時刻。馬克和他的團隊負責將這個過程和成果傳達給媒體和公眾。在他們的努力下，大量相關的文章、圖片和圖表傳播到世界各地，甚至還產生了一系列獲獎動畫片，把 "羅塞塔號" 和 "菲萊號" 變成擬人形象，講述它們刺激的科學冒險故事。

馬克還做了一件 "有點兒瘋狂" 的事情：和一家波蘭電影公司合作，從遙遠的未來看 "羅塞塔號" 任務的科學目標。電影公司祕密拍成了三個科幻電影短片，其中《雄心》請來了《權力的遊戲》中 "小指頭" 和萊安娜‧史塔克的扮演者，導演更是曾獲奧斯卡最佳動畫短片提名的托默克‧巴金斯基（見圖 10-6）。

電影是祕密拍攝的，包括在冰島的拍攝地點也對外保密。"菲萊號" 登陸彗星前六週，他們在網上發佈了一段片花。然後，他們在倫敦的英國電影學院舉辦了首映儀式，請來了很多記者，但沒有告訴大家這部電影是關於甚麼的，也沒有告訴他們這跟歐洲航天局的關係。其中很多娛樂記者此前還不知道 "羅塞塔號" 任務。當電影情節進行到 "羅塞塔號" 出場的時刻，所有到場的歐洲航天局成員都脫掉了外套，露出身上印着歐洲航天局和 "羅塞塔號" 標識的 T

圖 10-6　科幻電影短片《雄心》的截圖。（馬克・麥考林 供圖）

恤，全場氣氛達到了高潮。

"那還是挺好玩的一天，"馬克以英式低調的微笑回憶。這部電影后來還得了不少獎項，推動了一輪席捲全球的"羅塞塔號"熱潮。

從此，歐洲航天局得到了許多音樂人、藝術家、電影人和媒體的關注和喜愛，馬克也成了國際公眾關注的人物。他被邀請到世界各地的機構講述歐洲航天局的故事，登上世界各地的媒體。他被邀請和第一批登月的宇航員之一巴茲・奧爾德林一起環遊澳大利亞。2018 年，他受騰訊邀請，到中國參加一年一度的"騰訊科學 WE 大會"介紹詹姆斯・韋伯天文望遠鏡（見圖 10—7）。這些對科學家來說不尋常的經歷，也給他帶來不少成就和樂趣。

馬克對媒體並不陌生。他第一次登上電視時還是一個大學生，在一個深夜 1 點播放的英國電視科普節目裏，他向睡不着且想了解科學的觀眾介紹天文

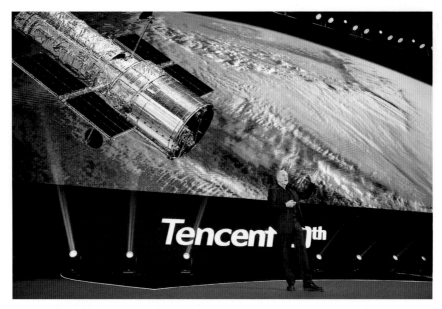

圖 10-7　馬克・麥考林 2018 年在 "騰訊科學 WE 大會" 演講

學。如今，他作為歐洲航天局的發言人，已經在電視新聞、紀錄片、廣播、網絡和紙媒上頻繁出現了成百上千次。

　　天文學一直都是科普界的流行話題，NASA 在哈勃太空望遠鏡第一次失敗之後的大眾傳播工作也起了推波助瀾的作用。那時陷入了公共形象危機的 NASA 意識到，它必須努力向大眾傳播修繕哈勃太空望遠鏡的過程，以及修繕後取得的了不起的成果，以重建公眾對它的信心。

　　作為回應，很多運營地面天文望遠鏡的機構也大力增加了公關工作，提高了對大眾的公關能力。如今，天文學家們都認同向大眾傳播自己的研究是多麼有價值。

馬克和同事們的工作動力一部分是出於公共機構的職責，向 22 個成員國的納稅人解釋他們花在航天局的稅款都做了哪些事情。同樣重要的是向他們展示，這些國家齊心協力可以取得全球頂尖的科學技術成就，改變人們把一切太空科研成就都歸於美國的慣性思維。

馬克希望讓年輕人看到，長期的合作和投入的工作可以應對太空中巨大的技術挑戰。希望他們能受到啟發，一起解決當下人類面臨的緊迫問題，其中首要問題便是氣候變化。

2016 年英國"脫歐"公投之後，馬克深深地為公投結果感到失望。他相信人類可以有效地創造和維持和平繁榮，只要他們跨越邊界和歷史恩怨攜手向前。他認為，英國"脫歐"也是一個全球日益反智和反政府潮流的標誌，這個潮流質疑科學，質疑任何基於事實的決策。陰謀論者甚至主張地球是平的、阿波羅登月沒有發生過。更危險的是，他們聲稱氣候變化是一個騙局，而疫苗是用來奴役人民的。

"這個變化來自哪裏？似乎有一部分來自那些想要掌權和發財的人，他們通過在不同人羣裏激發恐懼和衝突來渾水摸魚。"馬克說。

在一個越來越複雜的世界裏，面對全球性的挑戰，有些人想要退回到簡單的方案，甚至更糟糕的是否認這些挑戰的存在。當世界上的一些人正在遠離科學時，馬克希望找到一個讓人們忘卻國界、共同克服危機的方式，把科學和理性思考作為他們的武器。

這樣的憂慮和責任感，加上作為一個對甚麼都好奇的"非典型性科學家"，馬克做了很多跨界工作。他和朋友阿萊克斯・米拉斯（Alex Milas）發起了一個大眾科學文化項目 Space Rocks（太空搖滾），內容涵蓋音樂、科幻小說、藝術、太空科學和技術等。除了公眾對話、訪談、講座等形式，這個項目裏還有一個視頻網站 YouTube 上的對話節目——Uplink，請來宇航員、科學家、音樂家、作家、電影人甚至還有《星際迷航》《太空堡壘卡拉狄加》《蒼穹浩瀚》的演員參與對話。目前馬克還希望邀請《三體》的作者劉慈欣做嘉賓，談談地球人與外星人接觸的問題。

在天文學家裏，馬克自成一體——"我的確是一個對甚麼都好奇的人"。從宇航員夢想到今日的天文學專家和科普達人，馬克對"何為成功"的理解逐漸轉變。

他這代人成長中的太空夢只聚焦在幾個宇航員身上。在科學界，諾貝爾獎得主是他們的英雄。但馬克漸漸意識到："個體當然會起關鍵作用，但在今日，科學發展越來越多地依賴團隊，依賴很多人互補的才能、專業和經驗。"比如，粒子物理學在不同機構（如瑞士日內瓦城外的歐洲核子研究組織）的發展，很長時間裏都是數千人在合作研究推動，天文學研究也越來越仰仗數百乃至上千人的技術和科學團隊，搭建、運營和使用地面或太空中複雜的天文台。

"發展科學，最重要的是團隊合作、建立網絡，而且我現在做的事情是加強網絡成員的年齡、性別和族羣多樣化，慢慢改進原先那種完全由歐洲老年男性設定的做事方法，這為我們帶來了很多新視角。"馬克說。

他對有志於從事科學的年輕人提了個建議："了解你自己，如果可以選，做那些讓你充滿激情的事。遵循你的心，而不是你的腦子，你的腦子就會跟上你的心。"

　　但是他立刻意識到，這句不分情形的建議可能流於輕浮："當然，我是個很幸運的人。據說在這個世界上，就連以扮演貓王為生的人，數量都比天文學家多，能成為天文學家是少數人的幸運。我們依賴納稅人的支持，所以我們有義務與他們分享我們的成果和啟示。"

　　在一個日益被消費主宰、注意力無限分散的世界，思考更遠大的圖景，關注科學、藝術和文化交匯之處，非常有益，可以為我們的人生帶來更深的哲學意義和目的。在廣闊無垠的宇宙背景下，我們會看到人的生命是多麼無足輕重、轉瞬即逝。

　　在仰望星空的半個多世紀裏，馬克卻發現自己離地球越來越近，這是一個不斷接近謙卑的過程。他曾經是個想要飛離地球的孩子，艱難地學習理解人與科學之間的複雜關係，到中年意識到人與地球生態不可分離的相互依賴。如今一面仰望星空，一面試圖喚醒更多人來拯救地球。馬克的故事裏沒有戲劇性的尖叫、閃光燈和紅地毯，但充滿了真誠的激情和醒悟的愉悅。對那些尋求智慧的人來說，人生裏沒有比這更值得的東西了。

（文 / 覃里雯）

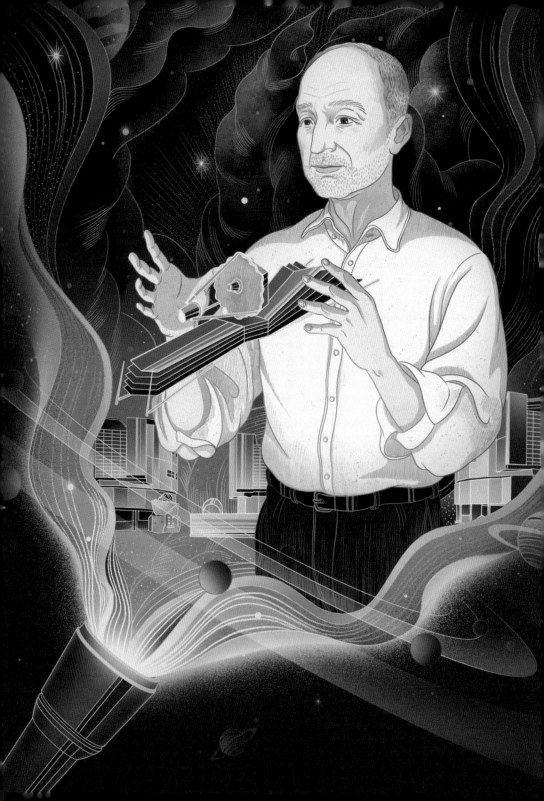

科學精神內核

　　馬克・麥考林的童年正值人類滿懷雄心地探索宇宙的時代。那時，人類第一次飛入太空，第一次降落在月球。像很多同齡的孩子一樣，馬克從小也夢想成為一名宇航員。這份激情驅使他加入了童子軍，在那裏學會了駕駛飛機。1979 年，他進入愛丁堡大學學習天體物理學，開啟了自己的科學生涯。

　　在他從事天文學研究的初期，紅外天文學是一個熱門研究領域。年輕的馬克很幸運地參與研發了天文學研究領域早期的紅外相機，將其用於觀測宇宙中的低溫和塵埃區域，見證了很多人類前所未見的宇宙現象。在幾十年的天文觀測中，這些異乎尋常的宇宙現象經常令他震驚。每個新發現都讓他激動不已，強烈地感到自己作為人類的一員，與宇宙中的某些事物產生了連接。對一個充滿激情的人而言，這是宇宙給他的獨特獎賞。

簡體版後記

　　從 QQ 誕生的第一天起，騰訊就與青少年羣體建立了緊密的連接。今天，數以億計的青少年伴隨着互聯網和數字科技的發展成長起來。我們越來越清楚地意識到，如何培養青少年良好的網絡與科技素養，讓技術成為青少年健康成長的助力而不是阻力？如何通過數字課堂和網絡教育，啓發他們把數字科技用於向善的創新活動，為現實世界帶來福祉？如何讓他們獲得更多機會走近傑出科學家，受到科學精神的熏陶和感召，讓科學探索成為青少年追逐的新時尚？隨着年輕的"數字原住民"羣體的不斷增長，這些問題的重要性迅速提升。本着"用戶為本，科技向善"的使命願景，騰訊把引導青少年羣體的健康成長視為自身重要的責任。

　　從 2013 年開始，騰訊每年邀請全球優秀科學家來"騰訊科學 WE 大會"分享科學故事與探索經歷。我們發現，參會觀眾中的青少年越來越多，他們對科學家的講述滿懷期待，對科學世界充滿了好奇。有的觀眾從中學到大學都是"騰訊科學 WE 大會"的忠實粉絲；有的孩子帶着自己精心準備的問題而來，而家長為了讓孩子聽得更明白，也提前做足了功課；有的家長甚至告訴我們，讓孩子近距離接觸科學家很有意義，哪怕只是看到科學家的後腦勺也好……我們深受觸動，為此我們從 2019 年起開設"騰訊青少年科學小會"，着力讓越來越多的優秀科學家走近青少年，讓科學成為新時尚。

過去 8 年，我們邀請了超過 100 位優秀科學家來到我們的舞台。除了一年一度的"騰訊科學 WE 大會"和"騰訊青少年科學小會"不斷給大家帶來精彩的分享，我們仍希望這個平台能夠把有價值的探索啓發和有生命力的精神傳承沉澱下來，讓更多的孩子能夠受到科學故事的激勵和科學精神的感召。這正是我們啓動這本書的原因。

物理學家居里夫人曾經親自給孩子們做科學啓蒙，他們中不少人成長為頂尖科學家；數學家陳景潤在中國家喻戶曉，他的成果和故事影響了一大批中國科學家，大家可以在張益唐和常進的故事中讀到這種傳承。我們希望，通過老中青三代、十位中外科學家的成長故事，讓更多的家長了解如何在孩子成長過程中呵護他們的想像力與好奇心；讓更多的孩子看到，"成為科學家"的夢想像一粒種子，只有早早種下，不斷澆灌，不懈努力，它們才能發芽長大……

本書能在疫情期間如期完成，需要感謝的人非常多，尤為感謝多位中外科學家的大力支持，他們擠出寶貴的時間接受採訪，無私分享許多過往和感想，有年少時或溫馨或清苦的經歷，也有低落、迷茫的時刻，更多的是沉浸在科學探索中的喜悅。

感謝科學家們的家人、朋友、同事、同行、學生欣然接受採訪、提供資料、核實信息，特別感謝美國國家科學院院士路易斯・米勒，中國中醫科學院中藥研究所廖福龍、袁亞男，廣州呼吸健康研究院蘇越明以及中國科學院高能物理研究所婁辛丑、曹俊、陳剛、沈肖雁、莊紅林、楊長根、溫良劍、賈英華等老師的幫助。

感謝未來科學大獎組委會的支持，讓我們與未來科學大獎數學與計算機科學獎 2017 年獲獎人許晨陽教授、未來科學大獎物質科學獎 2019 年獲獎人王貽芳院士有了更加充分的交流。

感謝非虛構創作團隊"故事硬核"的精心採寫。本書寫作及編輯團隊成員包括杜強、林珊珊、張瑞、劉洋，還有作家覃里雯、特稿記者初子靖、張明萌、李冰清等。他們都對素常低調的科學家羣體充滿興趣，用心完成了大量的準備工作和詳盡的採訪，其中，覃里雯在荷蘭面對面採訪了歐洲航天局科學與探索高級顧問馬克·麥考林，真正面對面的交流擁有不可替代的力量。

感謝瑞典藝術家尼克拉斯·埃爾梅赫德為書中科學家設計、繪製出栩栩如生的肖像畫，傳遞出科學家們的獨特風采。

感謝中國科學院國家天文台研究員、教科版義務教育《科學》教材主編、卡爾·薩根獎獲得者鄭永春，中國科學技術出版社科學人文分社副社長鞠強對本書的審定，讓本書更加準確、客觀。

感謝中信出版社副總編輯、漫遊者分社負責人李穆及其團隊的努力，尤其是主編上官小倍與我們多次溝通種種細節，以及許可、楊杉杉、王嵐、侯明潔、劉坤的共同付出，讓本書能以更高的品質與讀者見面。

感謝騰訊青年發展委員會名譽主席馬化騰的大力支持。感謝騰訊青年發展委員會副主席李航、騰訊集團市場與公關部副總經理劉嵐為本書提供了方向性的指導，騰訊集團研究中心宋達、付濤、馬芳、徐可、沈瑋等參與了約訪、組稿的全過程，張韓騰、王彥鎧、代凌燕、林汶、李珊珊、衞安祺、林焰、張敏、張弛、馬駿豪等在圖書出版過程中通力合作，一起克服了許多困難。我們在本書策劃過程中儘可能精益求精，如有錯誤偏差之處，還望讀者指出並海涵。

　　青少年是科技創新和人類文明進步的先鋒。本書是騰訊為青少年打造的科學內容之一，我們還將繼續與各界攜手共創、傳播優質科學內容，希望能 "點亮" 更多青少年的科學夢，引導他們以科學家為榜樣、以科學探索為時尚，在十年、二十年甚至三十年後 "點亮" 人類的未來。

騰訊青年發展委員會　2021 年 5 月

參考資料

1 屠呦呦　青蒿素的發現之旅

[1]《屠呦呦傳》編寫組. 屠呦呦傳 [M]. 北京：人民出版社，2015.

[2] 饒毅，張大慶，黎潤紅，等. 呦呦有蒿 —— 屠呦呦與青蒿素 [M]. 北京：中國科學技術出版社，2015.

[3] 張劍方. 遲到的報告 —— 五二三項目與青蒿素研發紀實 [M]. 廣州：羊城晚報出版社，2006.

2 鍾南山　敢醫敢言

[1] 葉依. 你好，鍾南山 [M]. 廣州：廣東教育出版社，2020.

[2] 鍾南山. 鍾南山院士集 [M]. 北京：人民軍醫出版社，2014.

[3] 魏東海. 鍾南山 —— 永遠的青春之歌 [M]. 廣州：中山大學出版社，2003.

[4] 金焱. 知識分子鍾南山 [EB/OL].http://www.lifeweek.com.cn/2003/1229/7594.shtml.

[5] 探索：中國人物誌 —— 鍾南山 [EB/OL] .https://www.iqiyi.com/w_19rr1c2nlp.html.

3 張益唐　數學天才和他孤獨的二十年

[1] 張盈唐. 我的哥哥我的家：張益唐的妹妹深情回憶 [EB/OL].http://www.zhishifenzi.com/depth/character/480.html.

[2]Alec Wilkinson. The Pursuit of Beauty[J].New Yorker,2018,02.

[3] George Paul Csicsery. Counting from Infinity: Yitang Zhang and the Twin Prime Conjecture[EB/OL]. https://www.bilibili.com/video/av2411209.

[4] 季理真，翁秉仁. 張益唐在台北接受季理真專訪 [EB/OL].http://www.lailook.net/kjrs/ 04/2013-08-01/22094.html.

7 顏寧　獨屬於科學家的獎賞

[1] CCTV-1 綜合頻道《開講啦》(20160910)，顏寧：女科學家去哪兒了？[EB/OL].http://tv.cctv. com/2016/09/11/VIDEaU2FqXsmvGM9gveeKsZR160911.shtml.

[2] 王丹紅. 清華大學教授顏寧：專心致志做事 自由自在做人 [EB/OL].http://news.sciencenet.cn/ htmlnews/2011/3/244707-1.shtm.

[3] 科技百老匯. 和顏寧嘮嗑：不糾結──FM103.9 電台專訪文字實錄 [EB/OL]. https://mp. weixin.qq.com/s/bwMeX9ev0xCoW0IGRG42Kw.

[4] 奴隸社會. 我和顏寧這些年 ……[EB/OL]. https://mp.weixin.qq.com/s/3SG9V9fPAjei6x M06CkT5A.

[5] 顏寧的新浪微博，https://weibo.com/nyouyou.

[6] 顏寧的科學網博客，http://blog.sciencenet.cn/u/nyouyou.

8 許晨陽　天才的責任

[1] 北京大學國際數學中心. 許晨陽教授的兩篇論文被 Annals of Mathematics 接受 [EB/OL].http:// pkunews.pku.edu.cn/xwzh/2013-12/04/content_280218.htm.

[2] 新華社. 中英數學家破解 "卡勒-愛因斯坦度量" 存在性之丘成桐猜想 [EB/OL].http://www.gov. cn/xinwen/2014-05/14/content_2679615.htm.